——萤火虫与螳螂

【法】法布尔 著
陈娟 编译

当代世界出版社

图书在版编目（CIP）数据

彩绘版昆虫记.1，萤火虫与螳螂 /（法）法布尔（Fabre，J.H.）著；陈娟编译.--北京：当代世界出版社，2013.8

ISBN 978-7-5090-0921-5

Ⅰ.①彩… Ⅱ.①法… ②陈… Ⅲ.①昆虫学－青年读物 ②昆虫学－少年读物 Ⅳ.① Q96-49

中国版本图书馆 CIP 数据核字（2013）第 141407 号

书　　名：彩绘版昆虫记 1——萤火虫与螳螂
出版发行：当代世界出版社
地　　址：北京市复兴路 4 号（100860）
网　　址：http://www.worldpress.org.cn
编务电话：（010）83907332
发行电话：（010）83908409
（010）83908455
（010）83908377
（010）83908423（邮购）
（010）83908410（传真）
经　　销：新华书店
印　　刷：三河市汇鑫印务有限公司
开　　本：787mm×1092mm　1/16
印　　张：8
字　　数：50 千字
版　　次：2013 年 8 月第 1 版
印　　次：2013 年 8 月第 1 次印刷
书　　号：ISBN 978-7-5090-0921-5
定　　价：25.80 元

如发现印装质量问题，请与印刷厂联系。
版权所有，翻印必究；未经许可，不得转载！

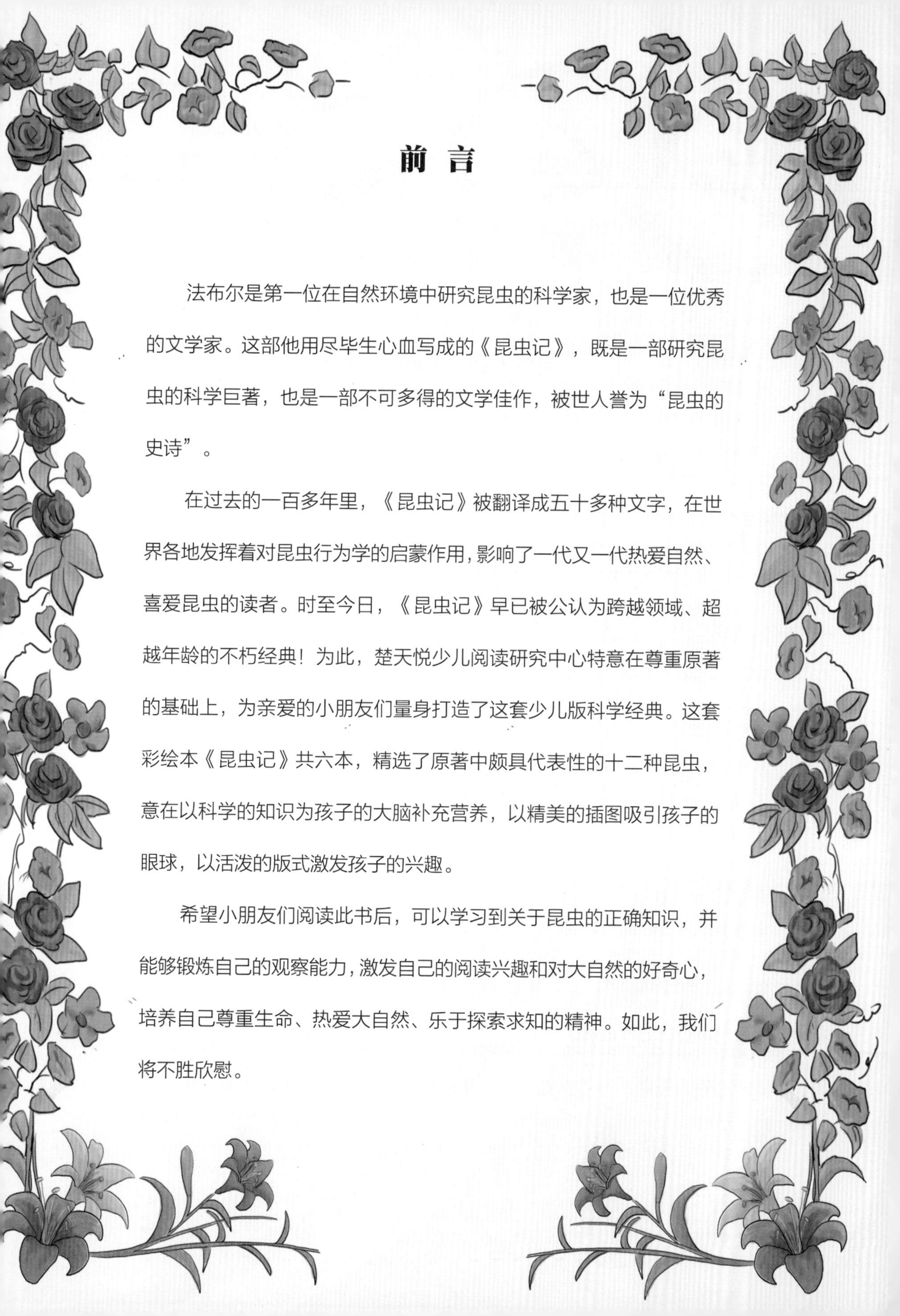

前言

法布尔是第一位在自然环境中研究昆虫的科学家，也是一位优秀的文学家。这部他用尽毕生心血写成的《昆虫记》，既是一部研究昆虫的科学巨著，也是一部不可多得的文学佳作，被世人誉为“昆虫的史诗”。

在过去的一百多年里，《昆虫记》被翻译成五十多种文字，在世界各地发挥着对昆虫行为学的启蒙作用，影响了一代又一代热爱自然、喜爱昆虫的读者。时至今日，《昆虫记》早已被公认为跨越领域、超越年龄的不朽经典！为此，楚天悦少儿阅读研究中心特意在尊重原著的基础上，为亲爱的小朋友们量身打造了这套少儿版科学经典。这套彩绘本《昆虫记》共六本，精选了原著中颇具代表性的十二种昆虫，意在以科学的知识为孩子的大脑补充营养，以精美的插图吸引孩子的眼球，以活泼的版式激发孩子的兴趣。

希望小朋友们阅读此书后，可以学习到关于昆虫的正确知识，并能够锻炼自己的观察能力，激发自己的阅读兴趣和对大自然的好奇心，培养自己尊重生命、热爱大自然、乐于探索求知的精神。如此，我们将不胜欣慰。

萤火虫和螳螂的世界

萤火虫和螳螂都是外表看起来很温顺的小动物，但它们的内心和行为果真如它们的外表一样温顺吗？

其实，萤火虫的外表看起来是那么温顺而善良，仿佛对任何事物都不忍心伤害似的，它尾巴上那盏明亮的小灯更是带给人们很多美好的想象。但是，事实上它是一种凶猛无比的食肉动物，且具有使对方浑身瘫痪的奇妙的麻醉技术，简直就是“披着羊皮的小狼”！

再让我们来看看被称为“祈祷虫”的螳螂吧。它的身材纤美而优雅，然而最能打动人心的是当它静静地伸直前半身，庄严地抬起头，虔诚地举起两只前足收拢在胸前，宛若修女般诚心祷告时的样子。可是你们知道吗？此时的端庄文雅居然是螳螂在捕猎时的姿态！它那祷告的玉臂，其实是一件极具杀伤力的利刃！只要有猎物从它的旁边经过，这个圣洁的“修女”就会立刻原形毕露，变成狰狞而凶狠的巫婆！

现在，让我们随着法布尔的《昆虫记》，一起来看看这两种带给人错觉的小昆虫究竟是怎样温顺、凶残的吧！

目 录

希望小天使

——萤火虫

昆虫小档案

中 文 名：萤火虫

英 文 名：lightning bug

科属分类：萤科

籍　　贯：热带、亚热带、温带地区

每到夏日的夜晚，当我们看到一闪一闪的“小灯笼”在空中跳舞的时候，就知道那是萤火虫又出来活动了。萤火虫在它的一生中，包括卵、幼虫、蛹、成虫的四个阶段都能发光，这到底是为什么呢？让我们一起来探究一下吧！

天才的麻醉师

我们知道，萤火虫以发光著名，因为在这个小动物的尾巴上总是挂着一盏“小灯笼”，也许它是想要借此表达对生活的热爱吧。

古希腊人曾称萤火虫为“朗比里斯”，就是“屁股上挂灯笼的人”，多么的形象生动的称呼啊，即便我们没有见过这个黑夜中会发光的美丽天使，听到它的名字，我们大概也能想象出它的样子。

现在，科学家们给它起了一个更好听的名字，叫做“萤火虫”。

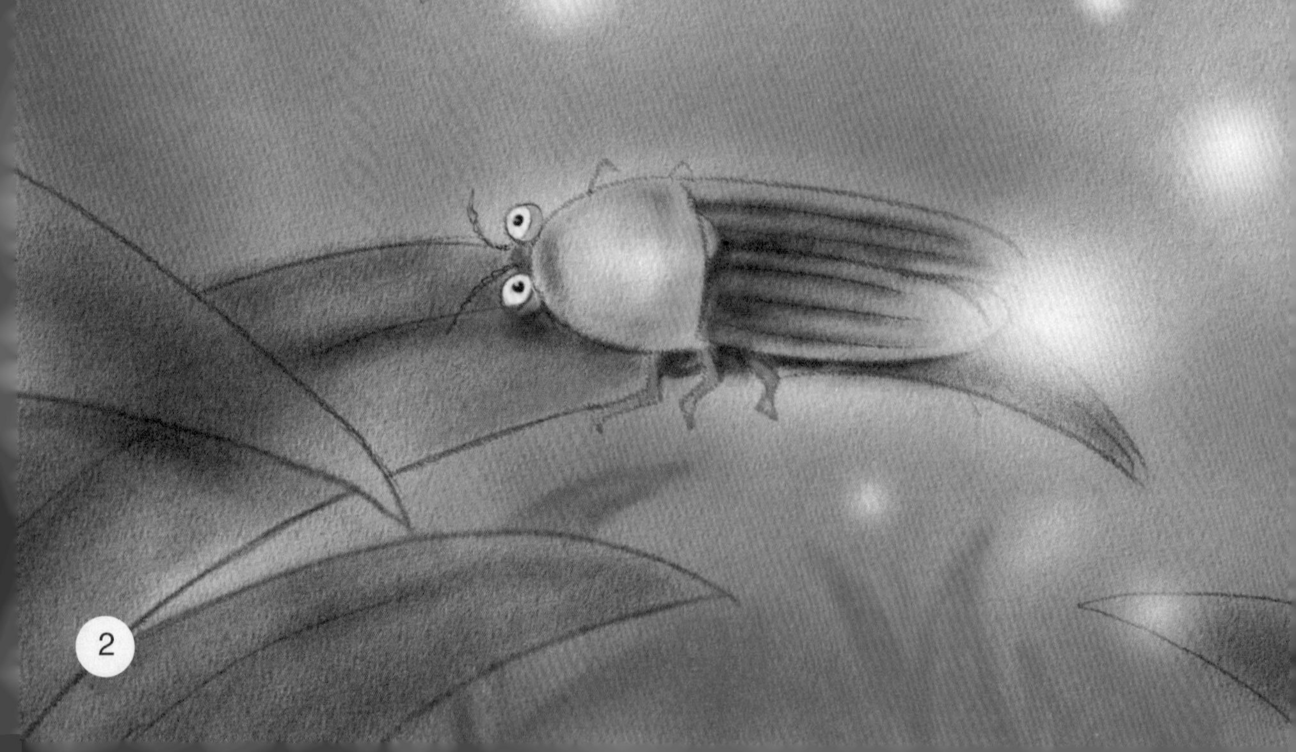

法国人称它为“发光的蠕虫”，其实，萤火虫无论如何都归不到蠕虫类。单从外表上看，它和蠕虫就有很大的区别。大家看，它长有六只短短的脚，还能够灵活自如地运用它们，要不怎么会有人称它“闲游家”呢！蠕虫可没有它这样的脚来爬行。

萤火虫幼虫时不容易分辨出雌雄，等它们长成成虫，差别就显现了。雄性萤火虫到了成熟期，会长出一对灰褐色小翅膀，可别小看了这对翅膀，就是因为它，萤火虫才能自由地飞翔，像一盏盏小灯笼似的到处游荡！自此，它就成为了一只真正的甲虫。

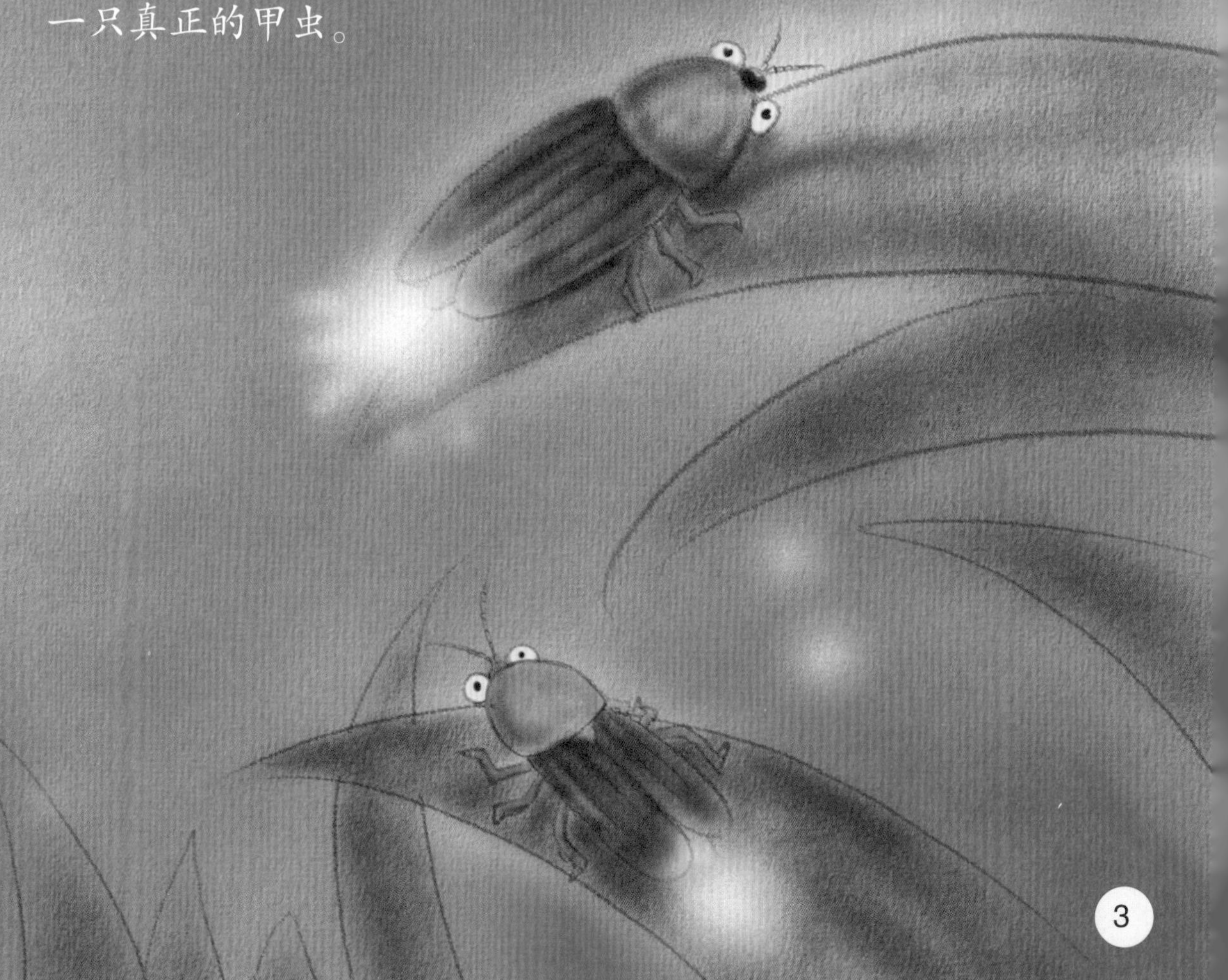

可惜的是雌萤却没有受到上天的恩宠，它们不能飞翔！

因为它们要产卵，所以腹部要比雄萤大很多。笨重的身躯再加上不断退化的翅鞘，使它们只能栖息在草叶间或是别的地方，一直处于幼虫状态，多么令人遗憾啊！

尽管如此，用“蠕虫”来形容它们也是不公平的！因为蠕虫的身体是光滑的，没有一点遮掩，而萤火虫却披着美丽的外衣，并且这件外衣五彩斑斓。

大家看，它那栗棕色的晚礼服是不是很高雅？粉红色的胸部像在晚礼服上佩戴了一朵花，不是吗？它身体每一节的边沿，都装饰了一些粉红色的点，是不是很漂亮呢？

加之萤火虫还会发光，就把衣服映衬得更漂亮了，就像是“闪光衣”一样。像这样漂亮又神奇的衣服，蠕虫可没有。

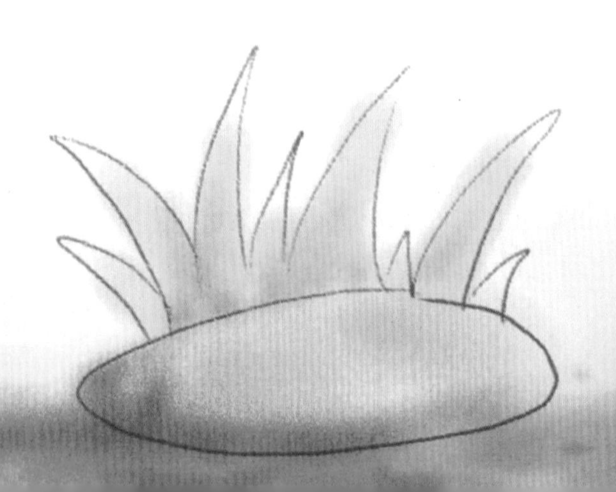

萤火虫最有意思的两个特点，一个是它的身体能发光，另一个则是鲜为人知的，那就是它奇特的捕食方式。

我们首先就来看它的捕食方式吧。

不过我要说明一下，我在捕食这一节中所指的萤火虫是萤火虫的幼虫，因为萤火虫在生命的其他三个阶段是不吃食物的，萤火虫的成虫，也只是偶尔喝些露水之类的。你看，它们真是一群“不食人间烟火”的小家伙！

有这么一句话，不知道你们听说过没有：“告诉我，你吃的是什么，我就会告诉你，你究竟是什么。”

这句话说得很有道理，因为我们要想知道昆虫的生活习性，那么了解关于昆虫的食品供给方面的知识是必要的。但是如果用这句话来形容萤火虫，恐怕不大恰当。

我们大家都知道萤火虫最爱吃的食物是蜗牛，但你们肯定不了解萤火虫那奇特的捕猎方式吧，我刚知道时就吃了一惊！我敢打赌，等一会儿你们知道了它的捕猎方式时，也会大吃一惊！

因为，虽然萤火虫的外表看起来很纯洁温顺，仿佛对任何事物都不忍心伤害，但事实上，它是一种凶猛无比的食肉动物，而且它那稀奇古怪的捕猎方法相当凶恶残忍！

要想用一个词来形容萤火虫的外表给人们带来的错觉，我觉得还是用“披着羊皮的狼”比较恰当，对，它就是这样一只能带给人错觉的“小狼”。

下面大家就听我描述一下这只“小狼”的捕食方式吧！

萤火虫锁定猎物后，会先给猎物打上几针，然后猎物就乖乖不动，任凭萤火虫的处置了。你们可能会惊奇，这打的是什么针，真厉害啊！

告诉你们，萤火虫真的很厉害，从某些方面讲，萤火虫比人类好多外科医生都要厉害，它是一位天才的麻醉师！

它的麻醉技术很奇妙，能够很快地麻痹猎物，使猎物浑身瘫痪失去知觉，丧失掉防卫抵抗能力，成为萤火虫的美餐。

萤火虫最喜欢的食物是蜗牛，但在一般情况下，它们只捕食很小的蜗牛。这些小机灵鬼儿们，早就摸透了蜗牛的生活习性，它们知道在哪里能找到大量蜗牛。

也许是酷暑的原因，大量的蜗牛会成群地聚集在那里集体乘凉，它们懒洋洋地趴着，一动也不动，生怕一动就会大汗淋漓，是一群懒惰的小东西。

可就是在这一动不动中，蜗牛马虎地把自己的身体暴露出来，这样萤火虫就能轻易把它们麻醉，然后美美地享用。懒惰的家伙似乎永远都没有好下场。

除了路边的枯草、麦秆等地方，萤火虫还知道蜗牛其他经常活动的场所。比如说，它知道蜗牛会经常待在一些阴暗潮湿的沟渠附近，因为这里的空气湿润，还杂生着大量野草，算得上是蜗牛的乐土！

知道吗？萤火虫处决猎物的速度实在太快了，以至于我们看不清它的动作到底是怎么样的。为了细致地观察它的一举一动，我特地在家里也布置了一个这样的战场。来，现在让我们一块儿来观察一下它那奇特的捕食方式吧！

首先我们来准备一个大玻璃瓶，然后，我们要往大玻璃瓶里面放一些小草，接着放几只萤火虫，当然，最后可别忘了把蜗牛放进去。

选取蜗牛的时候，最好选那些个头适中的。战场已经布置好了，我们就等着看里面发生的情况吧！

不过，等待的时候一定要有耐心，可不要像懒洋洋的蜗牛那样，一会儿就睡着了。因为，我们并不能确定，整件事情到底发生在什么时候，而且，萤火虫的动作雷厉风行，所以战争持续的时间也非常短暂。

所以，要想做严谨的学问，必须要目不转睛地盯住瓶中的这些小家伙，时刻关注着它们的一切动态，即使是它们不经意的动作，也要仔细地研究。

功夫不负有心人，终于有情况了！萤火虫已经注意到它的猎物了。看来蜗牛对于萤火虫的吸引力还是蛮大的！看！萤火虫正在仔细审视着蜗牛，如果不出所料的话，它应该是在寻找最佳的下手地点。

知道吗？一般，为了安全起见，除了蜗牛外套边缘的一点点躯体外，它会把其余的身体全都隐藏在它的壳中，但就是这稍微外露的一点躯体，就给了精明的萤火虫可乘之机！

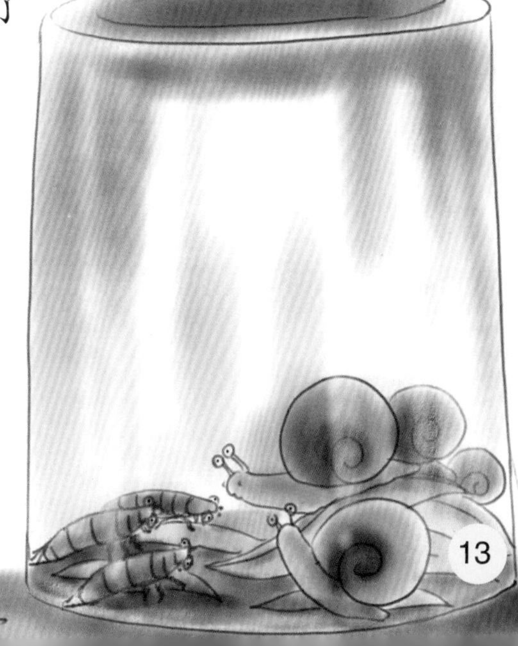

萤火虫跃跃欲试，准备大开杀戒了！它以迅雷不及掩耳的速度，将自己随身携带的兵器抽了出来！

瞧，这是一件多么细小的兵器啊，如果借助放大镜，你们会看清这件外形像钩子的兵器。其实这是萤火虫身上长有的两片颚。萤火虫把它们弯曲起来合拢到一起，就变成了一把非常细小，但锋利异常的钩子。

如果再把这个钩子放到显微镜下观察，还可以发现，在这个钩子上有一道细细的槽。千万不要因此而掉以轻心哦，这件兵器看起来虽然不怎么起眼，然而杀伤力却是极大的，萤火虫可以用它轻易致对方于死地！

现在萤火虫已经利用这件兵器迅速将蜗牛钩住了，并在它的外套膜上不停地、反反复复地刺击，如果观察得足够仔细，我们会看到，在这短暂的刺击过程中，我们这位天才的麻醉师已经利用带槽的弯钩把体内的“麻醉剂”传到蜗牛的身上去了。

但是，你们看，虽然正在干的是杀戮的勾当，可是萤火虫所显现的表情却是一如既往地平和、温顺，甚至是可爱，这哪里像是一个手段残忍的猎人在捕食它的猎物呢，分明就像是两个动物在亲密接吻一般。

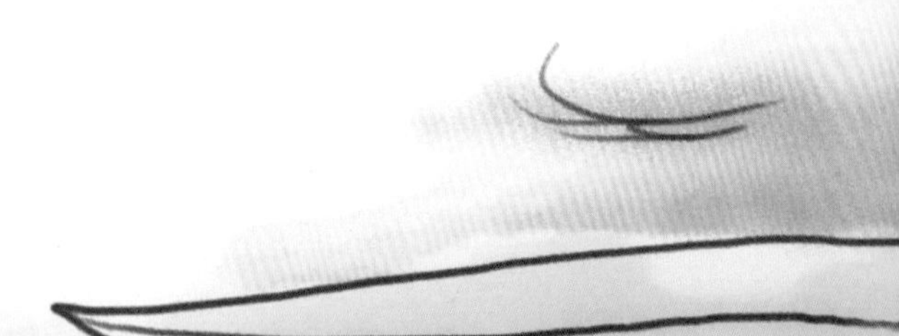

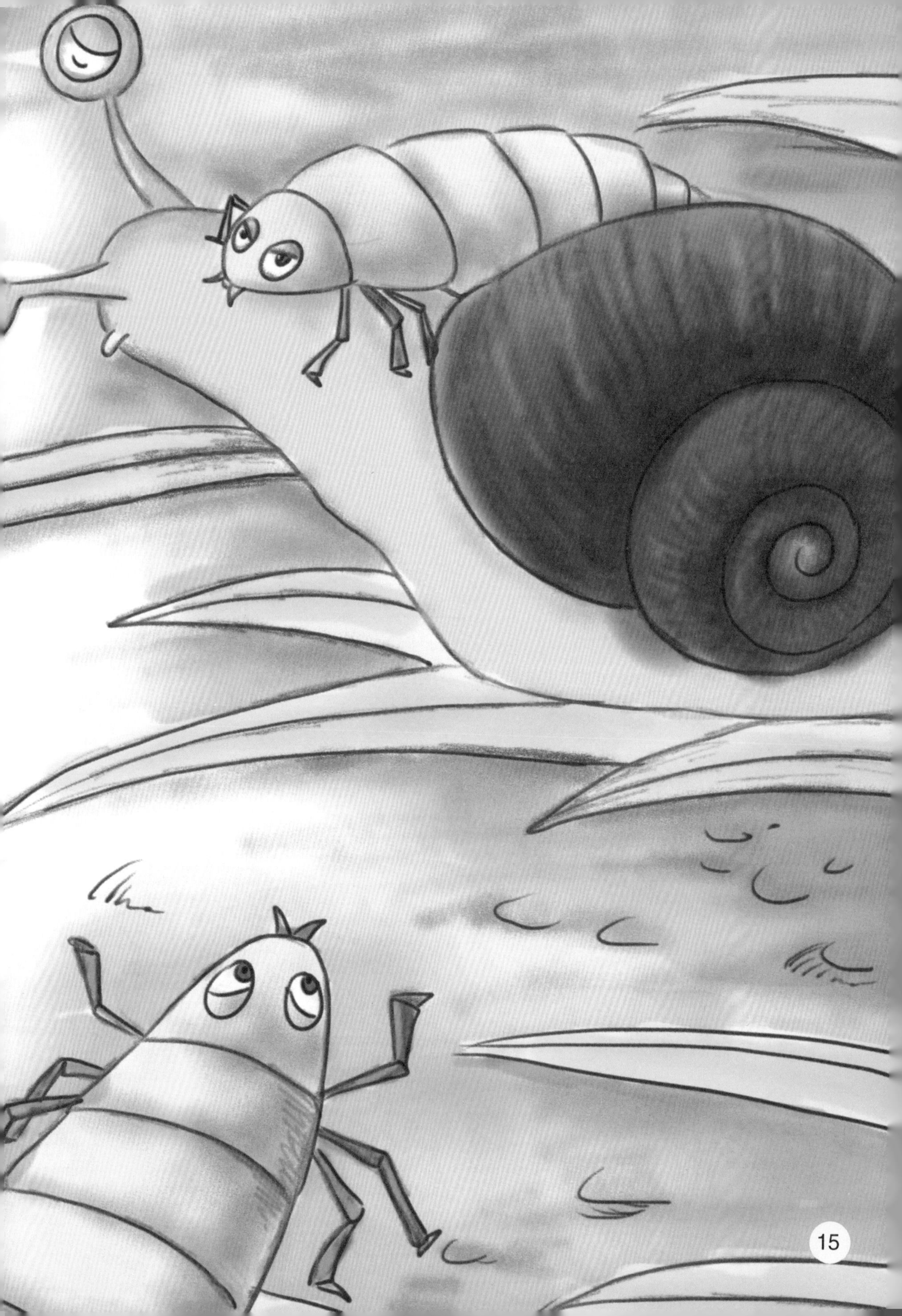

我一时间还真想不出一个合适的词来形容萤火虫捕食的这种情形，但是由此我却想到了另外一个场面：两个小孩子嬉戏的时候，各自用两个指头来握住对方的皮肤，然后轻轻地揉搓。

这种动作很轻，就好像是在互相搔痒，嗯，想起来了，用“扭”这个词来形容再合适不过了。的确，现在，萤火虫就好像是在“扭动”蜗牛，而不是在刺击蜗牛。

这个镇定的小家伙，在扭动的过程中，一点也不像饿虎扑食般狼吞虎咽、急躁不堪，而是不慌不忙，好像在悠然中自有章法似的。它每扭动一下蜗牛，总是要停下来看看蜗牛，大概是要停下来查看一下蜗牛的情况怎么样了。

萤火虫最多扭动五六次，蜗牛就被彻底“麻醉”得不省人事了。这只蜗牛在被刺击了六次以后终于一命呜呼，它在平时的时候伸得长长的触角已经变得软软的，萎靡地低垂着，像一片被晒蔫的芭蕉叶有气无力。真是一只可怜的蜗牛！

同情归同情，不过我们真要佩服萤火虫的这种麻醉技术，你们可能不知道，在人类还必须忍受着剧痛接受手术时，萤火虫为了方便地捕捉食物，早就掌握了这种神奇的麻醉技术。有时，我们不得不惊叹，大自然真是太神奇了！

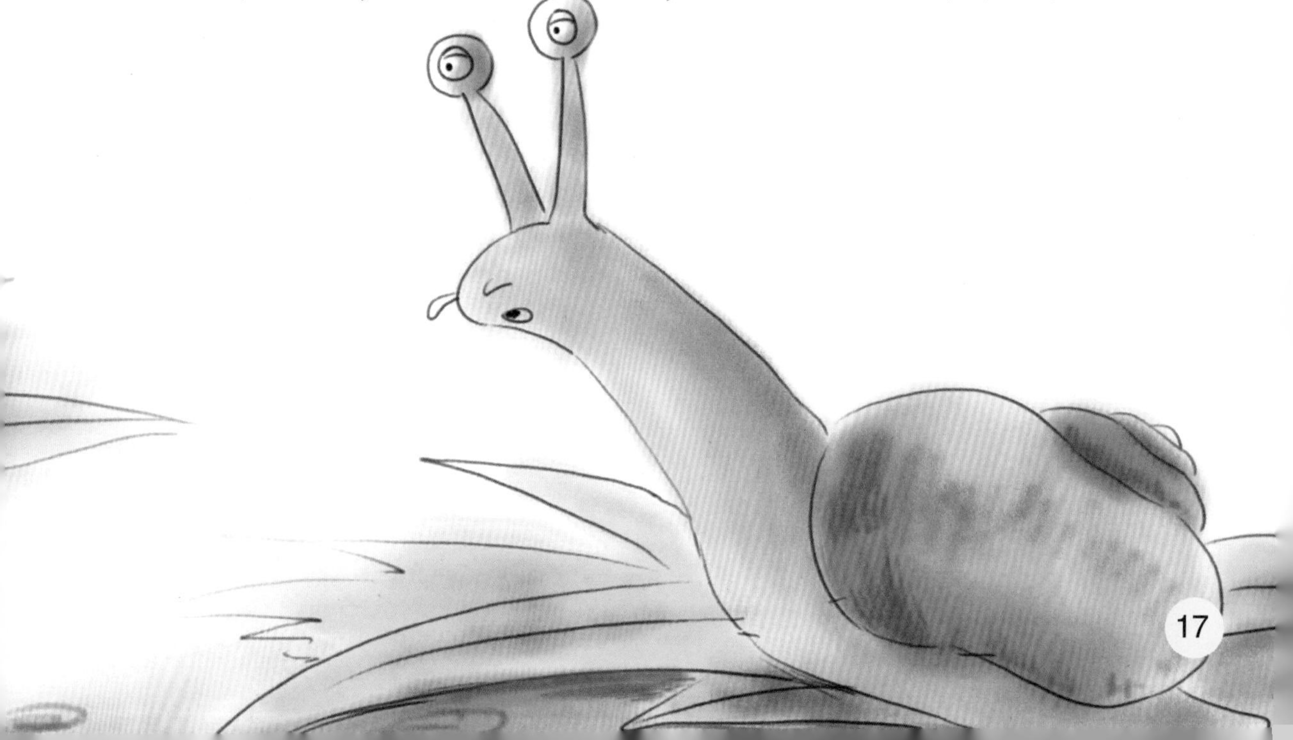

你们一定以为蜗牛失去知觉后，萤火虫就该停止刺击，美美享用了，可事实上，并不是这样的。

我们如果仔细观察就会看到，萤火虫在开始吃的时候，还是很小心地给蜗牛来上了几针。可蜗牛不是已经被麻醉了吗？那么在吃前的这几针的意义是什么呢？看来，萤火虫身上隐藏的秘密还真不少。

为了知道蜗牛在刚开始几下被萤火虫麻醉的程度，让我们再来做一个小实验。时机真好，有一只萤火虫又盯上了一只蜗牛。现在萤火虫在蜗牛的身上扭动了几下，准备吃蜗牛了，这次可不能让它得逞，我们还要拿这只蜗牛做实验呢。

现在让我们把那只被注射了“麻醉剂”的蜗牛拿出来吧，然后再让我拿这根细小的针去刺击一下这可怜的小蜗牛，你们看，这可怜的小蜗牛连一点反应也没有，它那被针刺伤的肉一点也没有收缩的迹象。

看来，此时的蜗牛的确已经感觉不到任何的痛苦了。

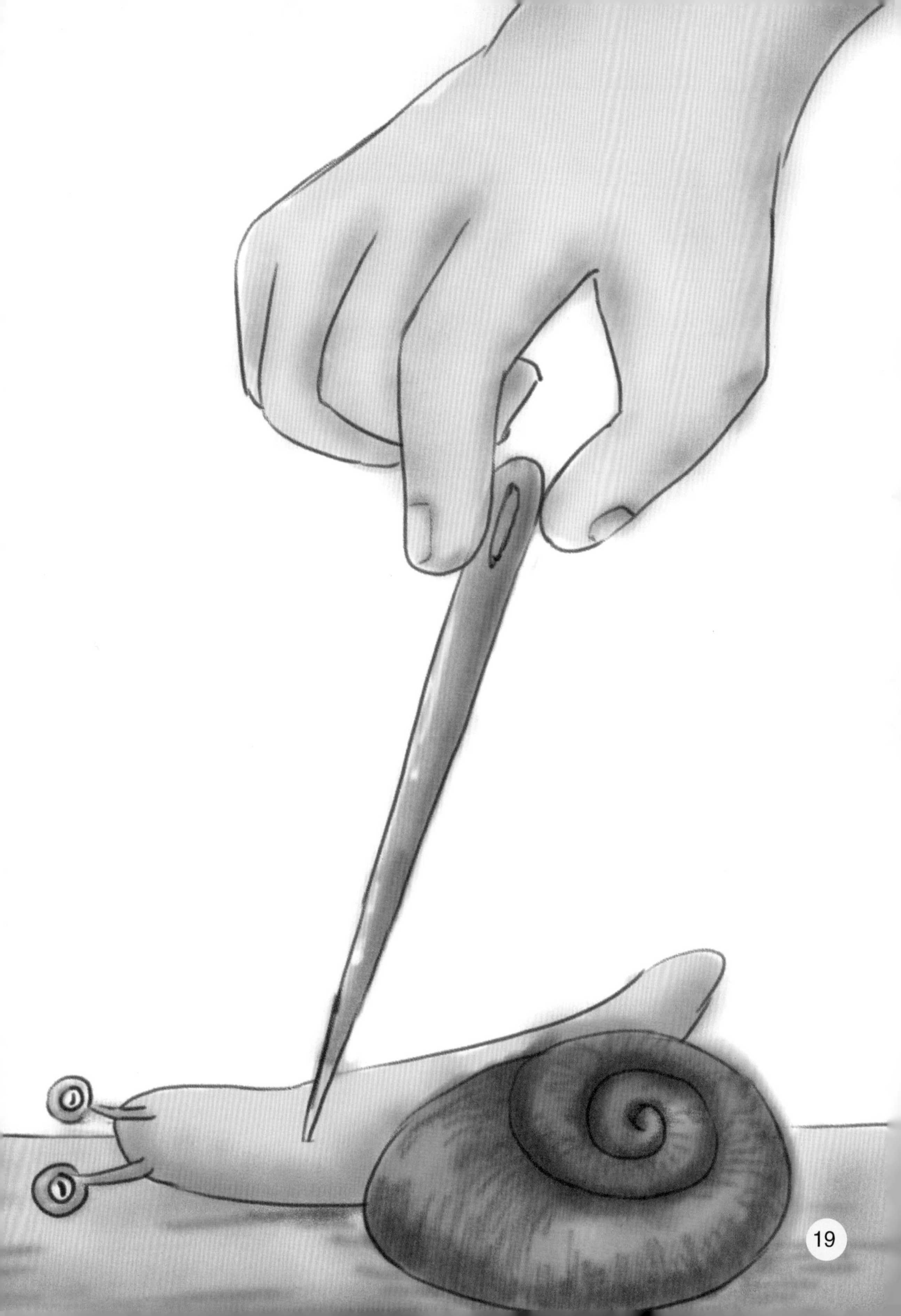

然而，实际上，这只蜗牛现在只是处于假死的状态，在一定的条件下，它完全有可能再次活过来。这次我们就来充当那位仁慈和博爱的、能创造条件让这只处于“昏迷”状态的蜗牛再次活过来的救世主吧。

来，让我们给这只处于假死状态的蜗牛清洗一下身体，特别是它那被萤火虫刺伤的部位。清洗一次可能不行，接下来的几天我们每天都要坚持给它清洗，记住，坚持就是胜利，做事情千万不可以半途而废。

第二天，蜗牛没有反应……

第三天，情况依然……

第四天，小朋友们，快过来看，蜗牛又活过来了！这简直是奇迹，真是太不可思议了！

这只被萤火虫折磨得一只脚已经踏进另一个世界、处于假死状态的蜗牛又奇迹般地活了过来，又能够自由地到处爬来爬去了。而且跟被刺伤以前一样灵活，无忧无虑、优哉游哉的，好像根本就没发生过什么劫难一样，真是一只忘性大的小家伙。

不过，把这样痛苦的记忆都丢失了，也不失为是一件好事。

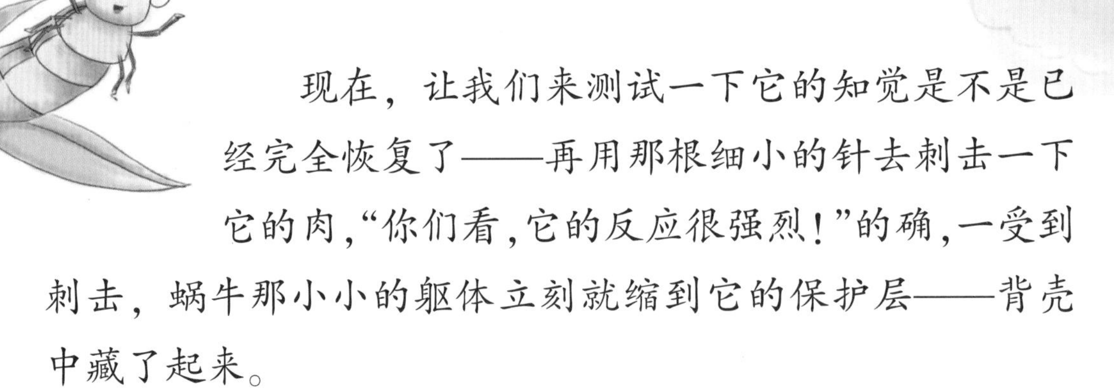

现在，让我们来测试一下它的知觉是不是已经完全恢复了——再用那根细小的针去刺击一下它的肉，“你们看，它的反应很强烈！”的确，一受到刺击，蜗牛那小小的躯体立刻就缩到它的保护层——背壳中藏了起来。

虽然蜗牛已经被我们救活了，它只是被麻醉的结论也已经被证明了，可还有一个问题一直萦绕在我的心里：蜗牛那么温柔、平和，对于萤火虫根本构不成任何危害，那萤火虫为什么还要用先给它注射毒汁的方式来制服它呢？这令我百思不得其解。

我一定要弄清楚，这里面究竟隐藏了怎样鲜为人知的理由！我是这样认为的：假如蜗牛只是乖乖地在地上活动，哪怕它们躲避在自己的壳里，对于萤火虫来说，攻击它们也没有一点儿难度。因为蜗牛的身体上并没有什么东西可以遮盖住它的壳，况且，蜗牛还有一个最大的不利，那就是它身体的前部是完全在外面露着的，一点遮挡也没有。

但是，你们知道吗？实际上，蜗牛并不总按照萤火虫所希望的那样，只乖乖地在地上活动。蜗牛的确有时候在地上爬行，但是更多的时候它们会待在较高的而且不稳定的地方。它们通常会贴身地待在这里，这样就弥补了它们不能更好地保护自己的不足。

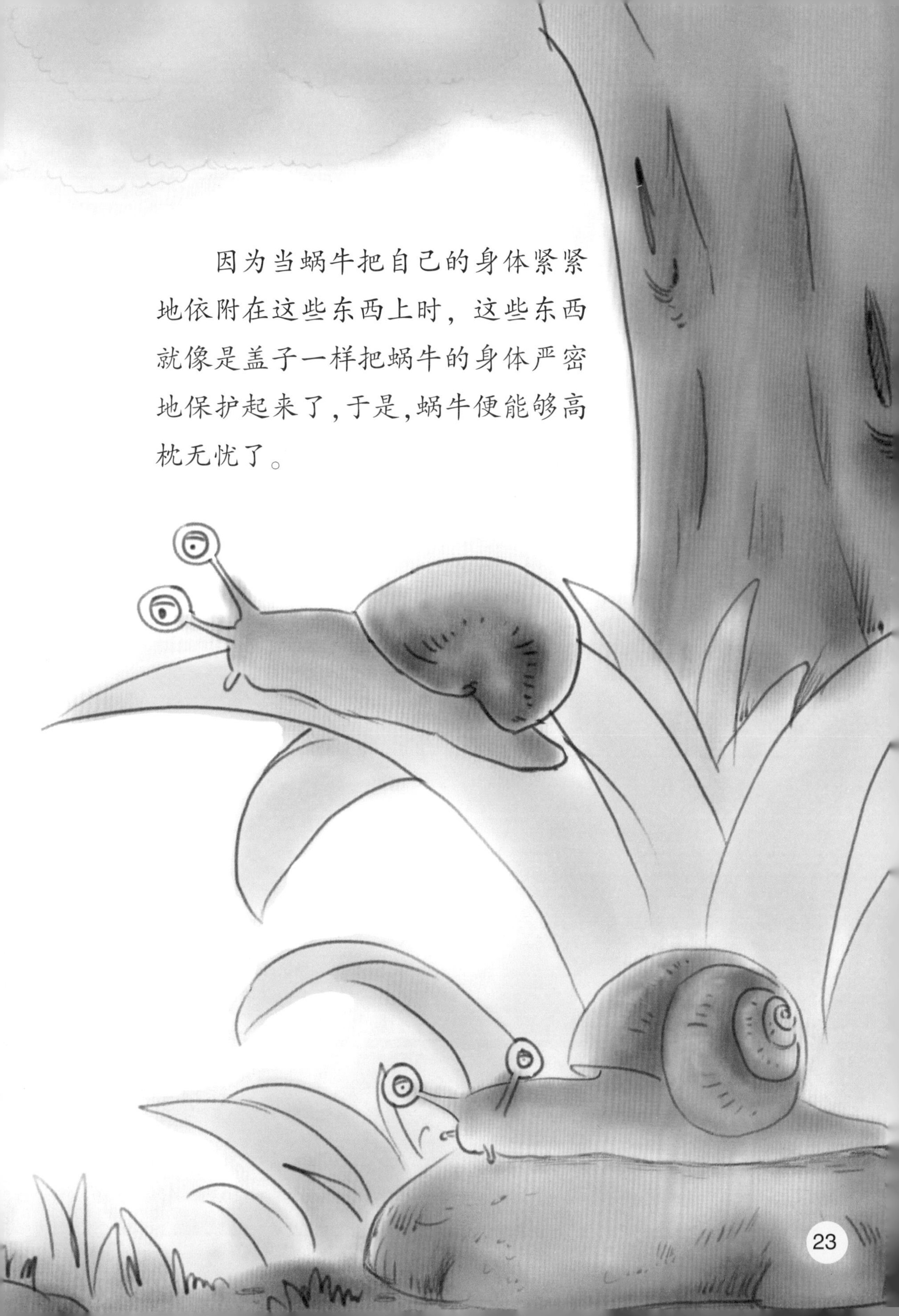

因为当蜗牛把自己的身体紧紧地依附在这些东西上时，这些东西就像是盖子一样把蜗牛的身体严密地保护起来了，于是，蜗牛便能够高枕无忧了。

处在高处的确更安全，不过，智者千虑必有一失，只要蜗牛稍微一不留神，有一丁点儿的躯体露在外面，那么一旦被萤火虫发现了，那它的小命可就要不保了。

因为，狡猾的萤火虫会想尽一切的办法用它那钩子触及到蜗牛的身体，然后，再由钩子上的小槽把毒汁输送到蜗牛的体内，接下来的事情就简单多了，只要美美地享受胜利果实就好了。

萤火虫捕食蜗牛的过程看似很简单，却是另有玄机。当蜗牛身处高处时，掉落下来的危险性是很大的。

比如当它正趴在草秆上，遇到萤火虫的突然袭击时，它势必会做最后的垂死挣扎，这样蜗牛就很容易从草秆上摇落，导致萤火虫之前所做的努力全都化为乌有，不得不重新寻找猎物。

这种半途而废的事情，萤火虫可不会做，它已经想好了周密而严谨的计划，在攻击蜗牛的时候，萤火虫会先轻轻地给它来上几支“麻醉剂”，让蜗牛失去知觉，它就不会再有痛苦感，从而也就不会挣扎着从高处掉落下来了。

你们看，萤火虫是不是一位天才的麻醉师呢？

当然，这只是我所认为的萤火虫之所以先给蜗牛注射“麻醉剂”的原因，除此之外，我目前还没有更好的理由可以作为解释，小朋友们，你们能想到吗？

神奇的“第七只脚”

蜗牛终于被制服了，接下来，萤火虫就要安心享受美味佳肴了！

萤火虫在吃蜗牛时，又是使用怎样的方法呢？我原本以为萤火虫是先把蜗牛的身体切割成一小片一小片的或者捻成小颗粒状后再吃，可是经过观察，我发现，事情根本不像我想象的那么简单。萤火虫吃东西，并不是我们一般意义上的吃，而是……还是让我们亲自来观察一下吧。

你看，这是一只被萤火虫刚刚席卷后的蜗牛，不过可怜的蜗牛，好像只剩下一层壳了。

让我们把它的壳拿出来，然后把它的孔朝向桌面放置，我们会看到——从蜗牛的壳里流出来一些非常稀的、像肉粥一样的流质。现在，萤火虫吃食的方法就显而易见了，它是先把蜗牛变成像肉粥一样的流质，然后才开始饮用。

它的这种饮食方法，让我不由得想起来另一种小动物，小朋友们，你们知道是什么吗？对了，就是蝇。蝇的吃食方法与萤火虫很相似，它也是在吃小幼虫之前，先把猎物弄成像肉粥一样的流质，然后再慢慢地安心享用。

突然，我灵光一现，觉得脑子中的一个谜团突然解开了：那就是萤火虫为什么在它明明已经把蜗牛麻醉掉之后还要在它身上扭动几下的原因。对，它是在“烹制”食物！

萤火虫一开始的确是给蜗牛注射了“麻醉剂”，其目的，就是把蜗牛完全麻醉掉。

那么麻醉之后的“扭动”呢，就是给蜗牛注射消化素了。萤火虫的体内含有某种物质，可以把蜗牛身上的固体的肉变成流质。

我们由此还可以看出，萤火虫的嘴是非常柔软的，这样的粥状食物对于它来说真是再合适不过的了！

真的是不要小看了动物，有时候，就像这样一只萤火虫的幼虫都会让你觉得不可思议，它总是有办法得到自己想要的东西！大自然真的是太神奇了！

现在，被关在玻璃瓶里的蜗牛似乎已经知道了它们究竟是和怎样的一群“恶狼”共处一室的了，所以变得非常小心。你瞧，它们经常爬到瓶子的顶部去待着，当然，瓶子顶部是用玻璃片盖住的。

有的小朋友可能要问了，“那蜗牛是靠什么在瓶子顶部待着的呢？玻璃片是那么的滑呀！”其实啊，蜗牛虽然很懒惰，可是办起事情来，也是有自己的一套办法的！

你们知道吗？从蜗牛的身体内能释放出一种黏性的液体，蜗牛就是靠它，从而安全地、稳稳地粘在瓶子的顶部。

蜗牛爬到瓶子的顶部后是不是就高枕无忧了呢？真的很为蜗牛感到遗憾，因为萤火虫好像已经深深地领会“兵来将挡，水来土掩”这一兵法的精华！

来，让我们接着来看一下萤火虫是怎样捕食躲在瓶子顶部的蜗牛的吧！

萤火虫要想爬上瓶子顶部，光靠已有的六只脚是不够的，这就需要使用它的秘密武器了——神奇的“第七只脚”。

在七只脚的通力合作下，爬到瓶子的顶部以后，萤火虫首先会摸清蜗牛的情况，寻找一个最佳的可以对蜗牛下手的部位，然后，它就迅速地发挥出自己的麻醉本领，不给蜗牛留下一丝反击的机会，就使它完全失去知觉，乖乖就范了。

萤火虫总是那么雷厉风行，刚麻醉完，紧接着就开始给蜗牛注射消化素了。

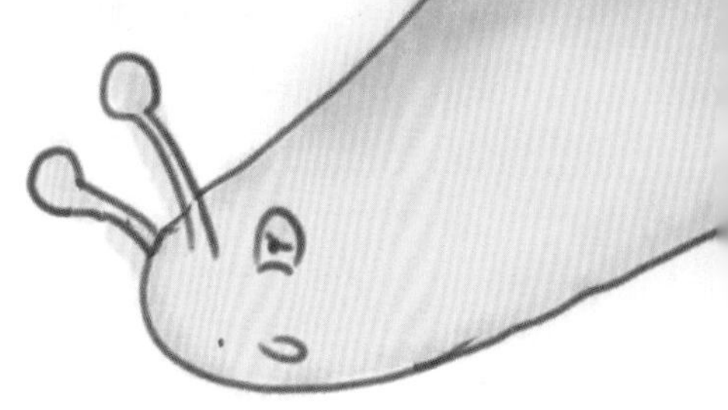

然后呢？鲜美的肉粥做好了，真是一次盛宴啊，这真叫人享受！

好了，萤火虫终于吃饱了，它挺着圆溜溜的大肚子心满意足地下来了，现在让我们来看看那个可怜的牺牲者吧。

蜗牛的壳里已经空了，但是还是牢牢地粘在瓶子的顶部，并且位置没有丝毫改变。看来，蜗牛在被萤火虫刺击时，真的是还没来得及做一点反抗，就轻易被宰割了，真是一个令人同情的牺牲者！

这还说明了一个很重要的问题，那就是萤火虫给蜗牛打的麻醉剂是多么的有效啊！我们不得不佩服萤火虫捕食蜗牛的方法是多么的巧妙！

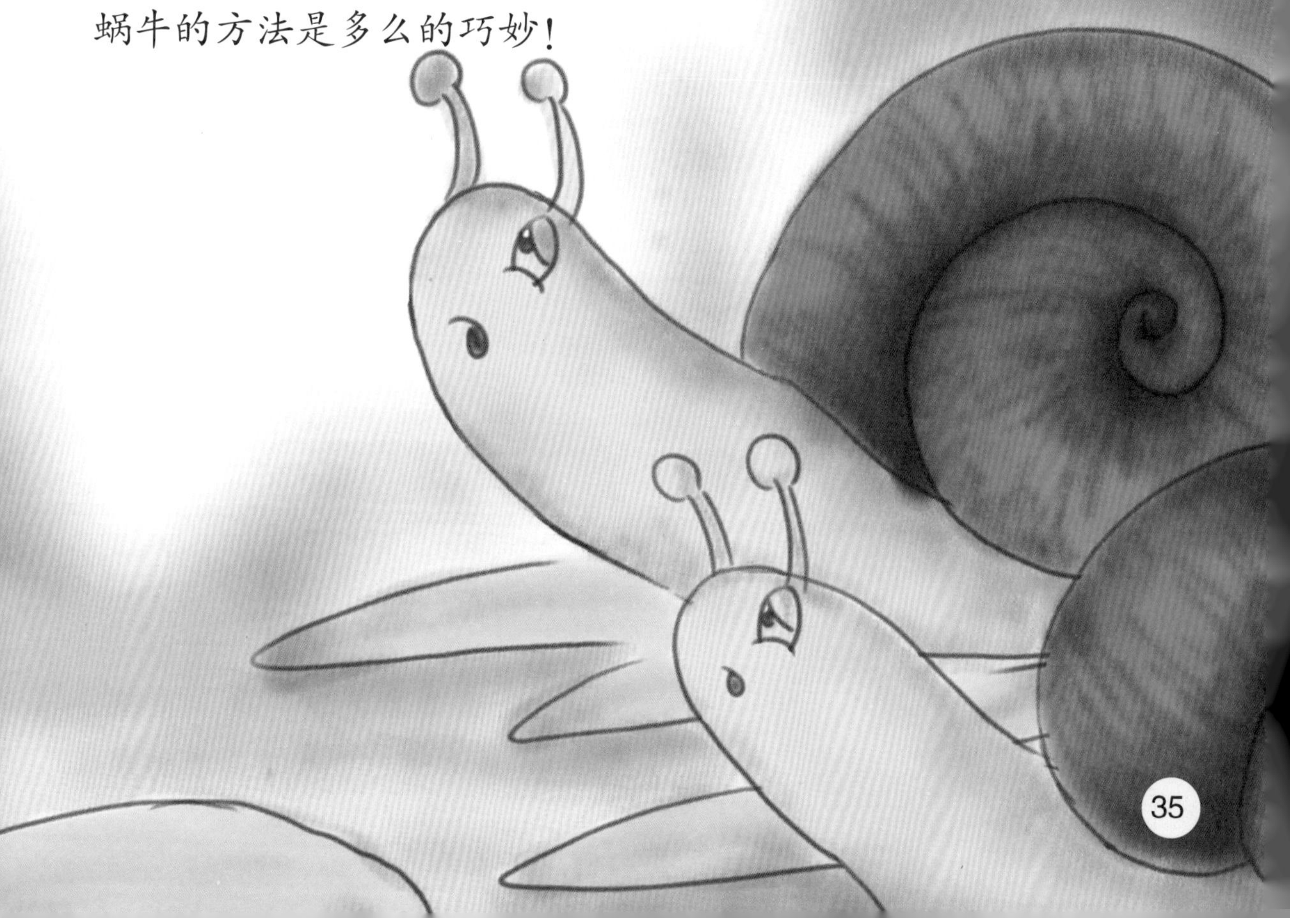

讲到这里，有的小朋友已经有些着急了，“你讲了这么多，可是刚才你提到的那个关于萤火虫的‘第七只脚’是怎么回事啊？好神奇啊，快讲，快讲！”小朋友们不要心急，接下来，我们就要说到萤火虫的这件秘密武器了。

瓶子那么高，萤火虫要想顺利地爬上去，并且如愿以偿吃到蜗牛，利用它现有的六只脚的力量肯定是远远不够的。

这就需要它有一种特别的爬行足或器官，使它不至于在连猎物都还没有碰到时，自己就先从高处摔下来，那样的话它所做的一切可就半途而废了，这将是多么的可惜啊！

大自然真是一个神奇的造物主，他在创造萤火虫的时候就已经想到了这一点，所以就赐予了一个便于萤火虫行动的工具。你们仔细看，在萤火虫的身体下面，靠近它尾巴的地方，有一个小白点，这就是萤火虫那神秘的“第七只脚”了。如果通过放大镜看的话，你会看到，它的“第七只脚”是由一些非常细小的小管，或者可以说是像指头一样的东西组合而成的。

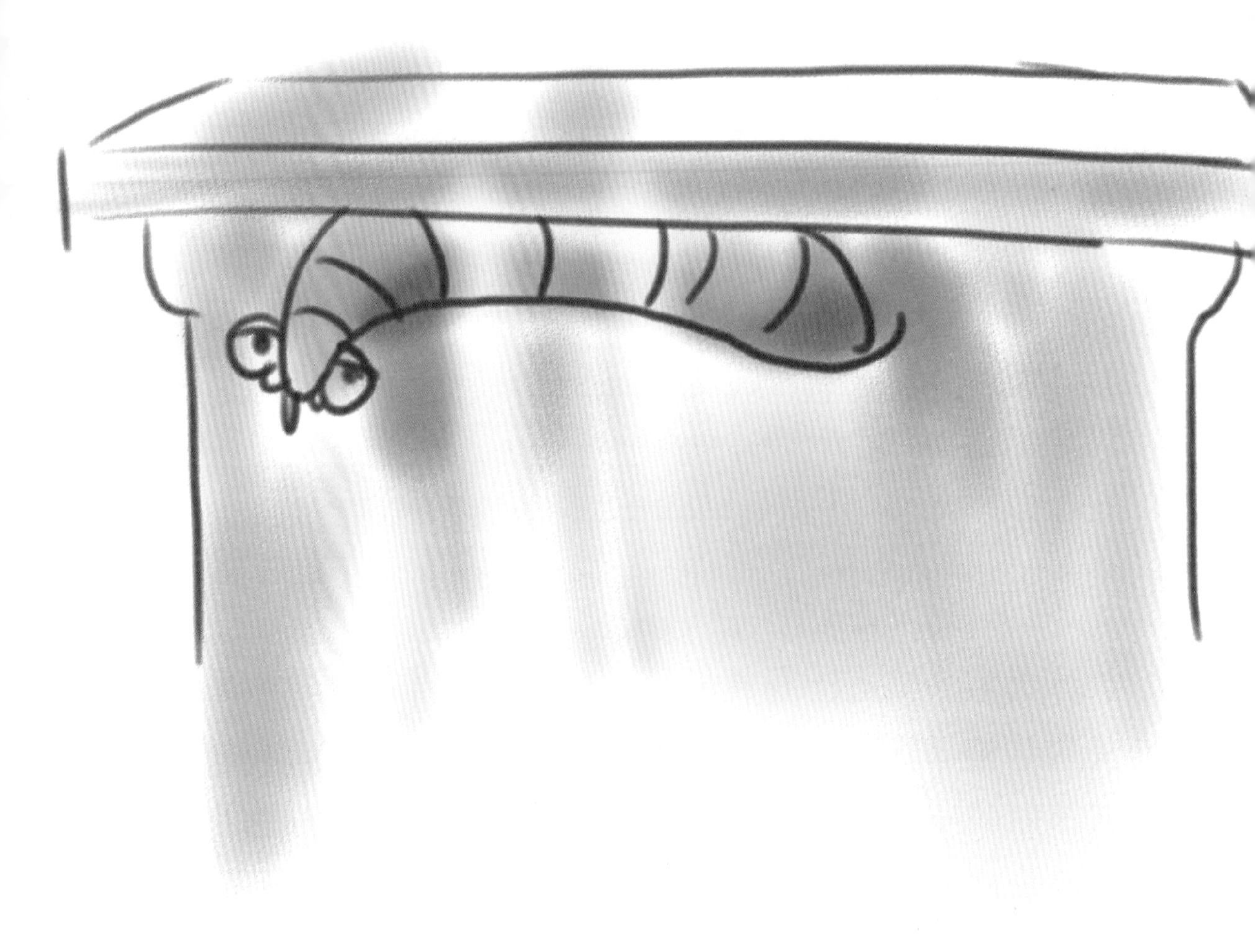

这些小东西虽然不起眼，可是你千万不能小看了它们，因为这些东西会根据萤火虫在不同地方的爬行需要，而变成不同的形状。有的时候，这些东西聚拢在一起形成一团；有的时候，它们则张得大大的，就像是一朵绽放的蔷薇花一样。

如果萤火虫想使自己依附到那些非常光滑的表面上，那么，它就会让小管呈现蔷薇花的形状，并且完全绽放开来。

而当它想爬行时，它便会让那些指头相互交错地一张一缩。萤火虫的这些小指头可是比你想象中的要灵活得多，每一个指头,都可以向不同方向转动,所以这样一来,萤火虫就可以在很危险的地方如履平地、来去自如了。

看来，萤火虫能在非常光滑的表面或是高空中的物体上自由爬行,它的这只神奇的“第七只脚”是功不可没的!

你们知道吗？它这只神奇的“第七只脚”还有第三项功能，那就是可以充当清洁用的小刷子。这又是怎么一回事呢？

原来啊，萤火虫和我们一样，都是非常爱干净的好孩子。所以，每当萤火虫大吃一顿之后，它都会用这个可以随意转动方向而又柔韧的“小刷子”在头上、身上的各个部位到处都清洁一遍，一点一点、来来回回地刷，非常仔细和认真，直到身上变得清清爽爽的。

你们看，萤火虫在清洁完后一副神采奕奕的表情，它现在一定是舒服极了吧！小朋友们，你们是不是也和萤火虫一样，是一个讲卫生、讲文明的好孩子呢？

这萤火虫的本事可真不小，比如会有效地使用麻醉术，能够灵活地在危险的地方自由爬行等，这些都带给了我们太多的惊奇！

然而，萤火虫之所以会被那么多人所熟知、喜欢，却不是由于它这些高强的本领，而是由于它那最独特的功能——会发光。萤火虫的身上，常常挂着一盏灯，有白色的、黄绿色的，就像是一盏盏明亮的小灯笼，在黑夜中为萤火虫照亮前进的道路。

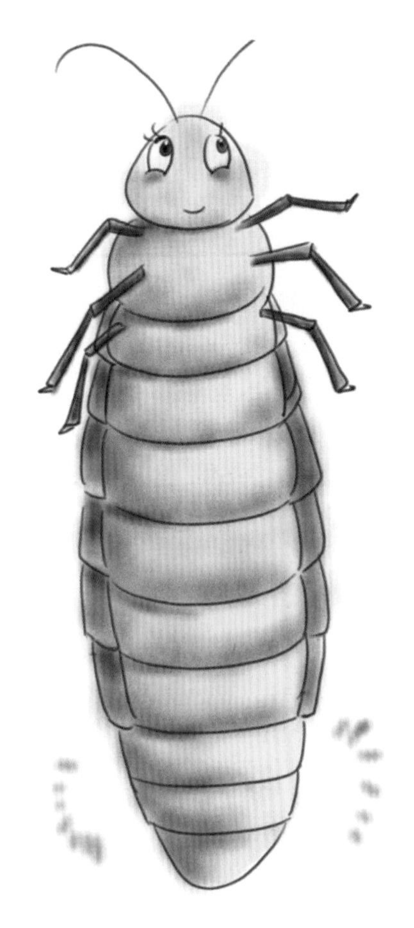

萤火虫的光是从哪里发出来的呢？原来呀，在萤火虫的腹部长有一个发光器，它们的光就是由此而发出的。白天的时候，它们趴在草丛中等一些隐蔽的地方休息，到了晚上才出来活动。

这时候，它们就会亮起它们的发光器，就像是在尾巴上亮起了一盏盏小灯似的，把夜空装扮得就如同幻境一般！

虽然都会发光，但是雄性萤火虫和雌性萤火虫的发光器是不完全一样的。

雌性萤火虫的发光器，长在它身体的最后三节。而就是这三节，发的光也是不一样的。前两节所发出的光很明亮，形成的是宽宽的节形；而最后一节所发出的光则只是两个小点点而已。不过，这两个小点的光虽然小，却可以从它身体的背部透射出来。

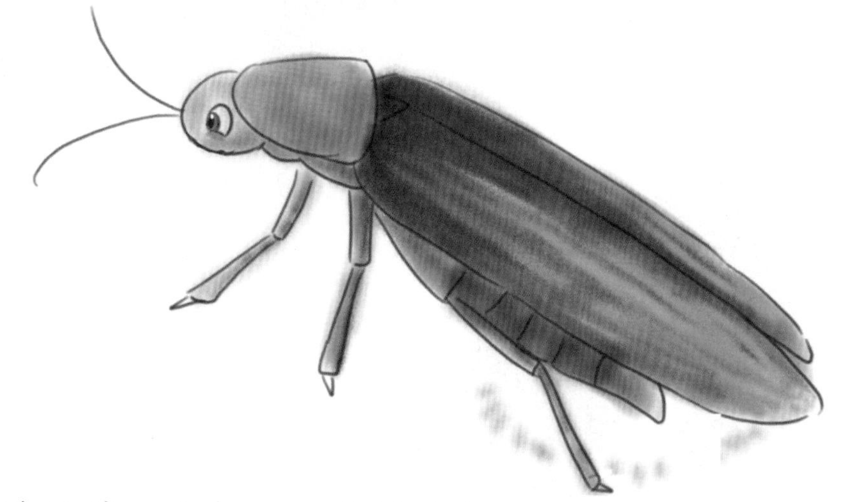

跟雌性萤火虫相比，雄性萤火虫只有腹部的最后一节处能发出光来，就跟雌性萤火虫尾部最后一节的两个小点一样。

其实，这两个小点也是几乎所有的萤火虫都具备的，并且是从萤火虫的幼虫时期一直到它的成虫时期都具备的。

当然，这两个小点也会随着萤火虫身体的长大而不断长大。并且和雌性萤火虫的两个小点一样，它们的光也可以从背部透射出来，从而使萤火虫的身体的上面和下面都发出美丽的光芒。

喜欢探索的小朋友可能要问了："萤火虫的发光器为什么会发光呢？"真是一群乐于求知的好孩子，下面我们就要谈这个问题了，你们一定要仔细听啊。

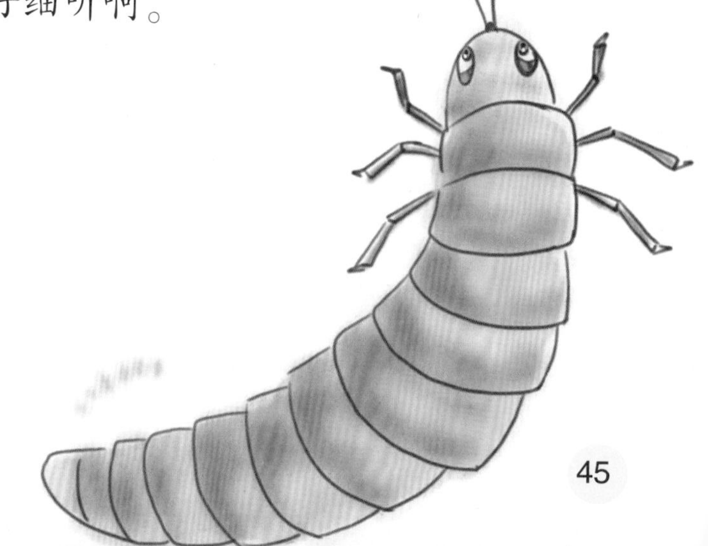

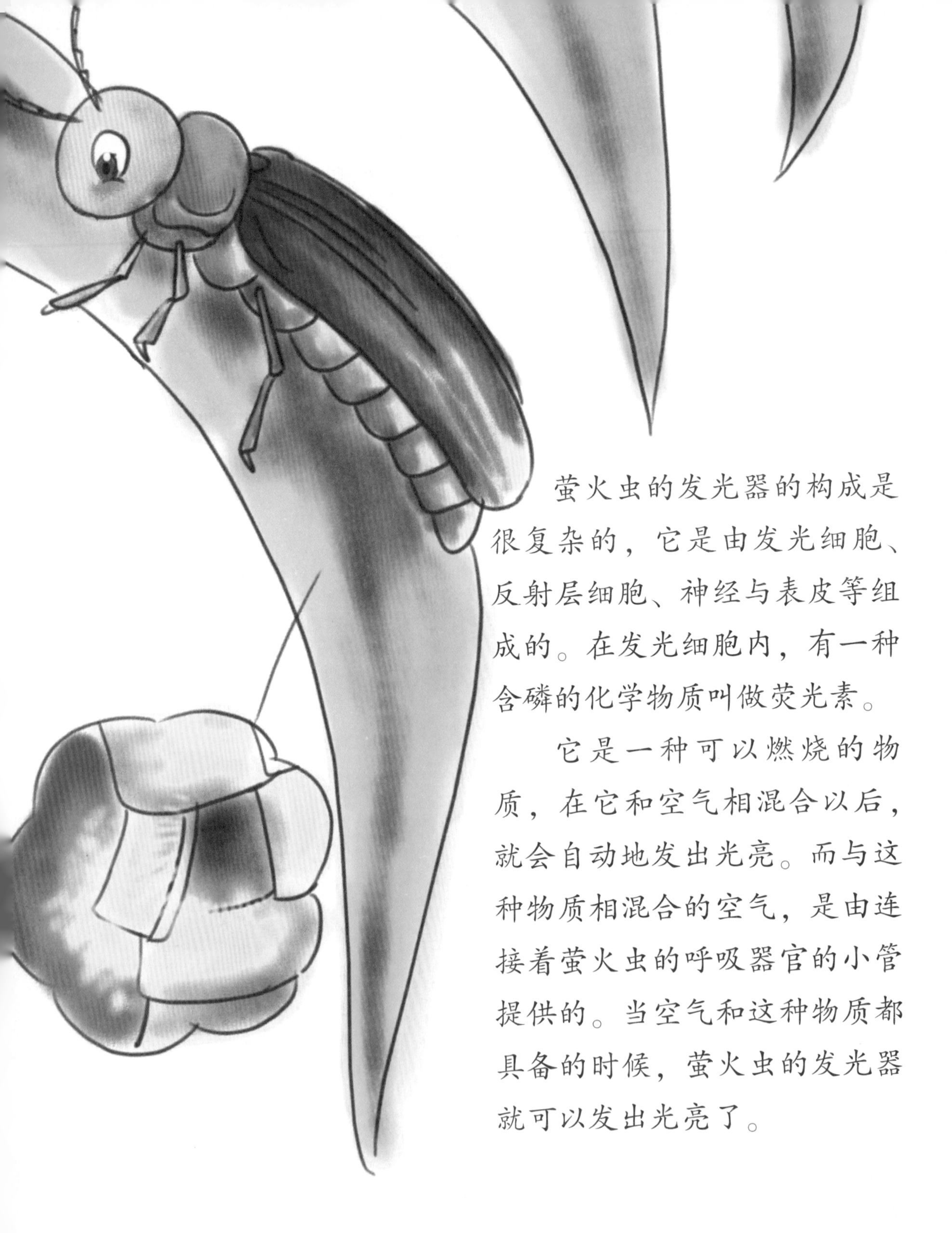

萤火虫的发光器的构成是很复杂的，它是由发光细胞、反射层细胞、神经与表皮等组成的。在发光细胞内，有一种含磷的化学物质叫做荧光素。

它是一种可以燃烧的物质，在它和空气相混合以后，就会自动地发出光亮。而与这种物质相混合的空气，是由连接着萤火虫的呼吸器官的小管提供的。当空气和这种物质都具备的时候，萤火虫的发光器就可以发出光亮了。

可能这些你们理解起来还有些困难，那么我就给你们打个简单的比方吧。我们现在把发光器的构造看成是汽车的车灯。其中含磷的发光细胞，就像是车灯的灯泡，作用就相当于光源。而反射层的细胞，就如车灯的灯罩，它会将发光细胞所发出的光集中反射出去。所以啊，萤火虫的身体产生的光芒虽然很小，但是在黑暗中却觉得特别明亮。小朋友们，这样说你们明白了吗？

在夏天的晚上，小朋友们遇到过这样的情况吗？每当我们要捕捉这些可爱的小家伙时，它们就会和我们玩儿捉迷藏的游戏。我对于这可是深有体会的。

我刚才还清清楚楚地看到萤火虫在草丛中一边发出美丽的光芒，一边快乐地跳着舞蹈。于是我蹑手蹑脚屏住呼吸走到它身旁，生怕我会弄出一点儿声响把这个美丽的小生灵吓跑。可是，我刚一走近，这个美丽的光亮就消失了，萤火虫不见了！

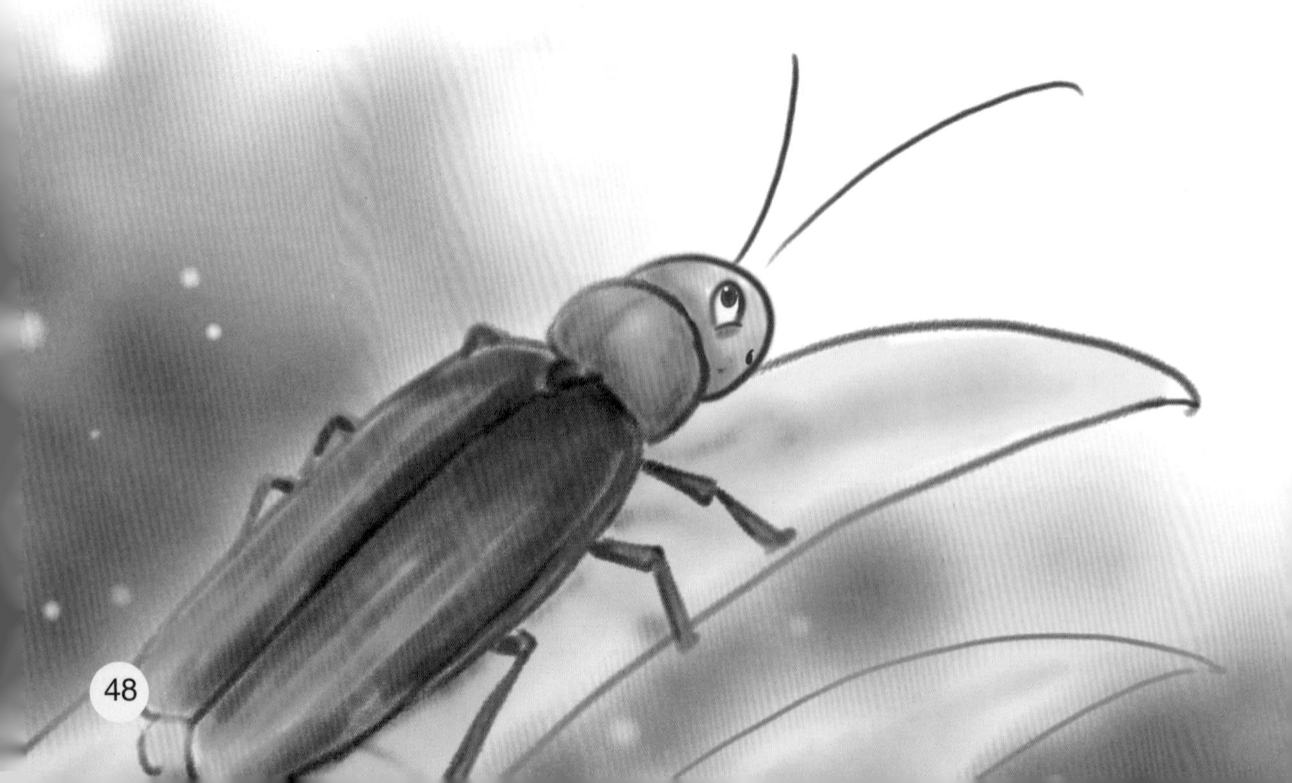

我相信小朋友们也都遇到过这种情况，可是你们知道萤火虫为什么会突然不见吗?

其实，并不是它们一下飞得很远了,而是聪明的它们把“小灯”熄灭了,让我们在黑暗中无法找到它们。

它们可不仅仅是一种只会发光的小动物，它们还可以根据自身的需要而随时调节它随身携带的“小灯”！具体说，就是面对不同的情况,它可以随意将自己身上的光放大一些,或者是调暗一些，或者干脆熄灭它。

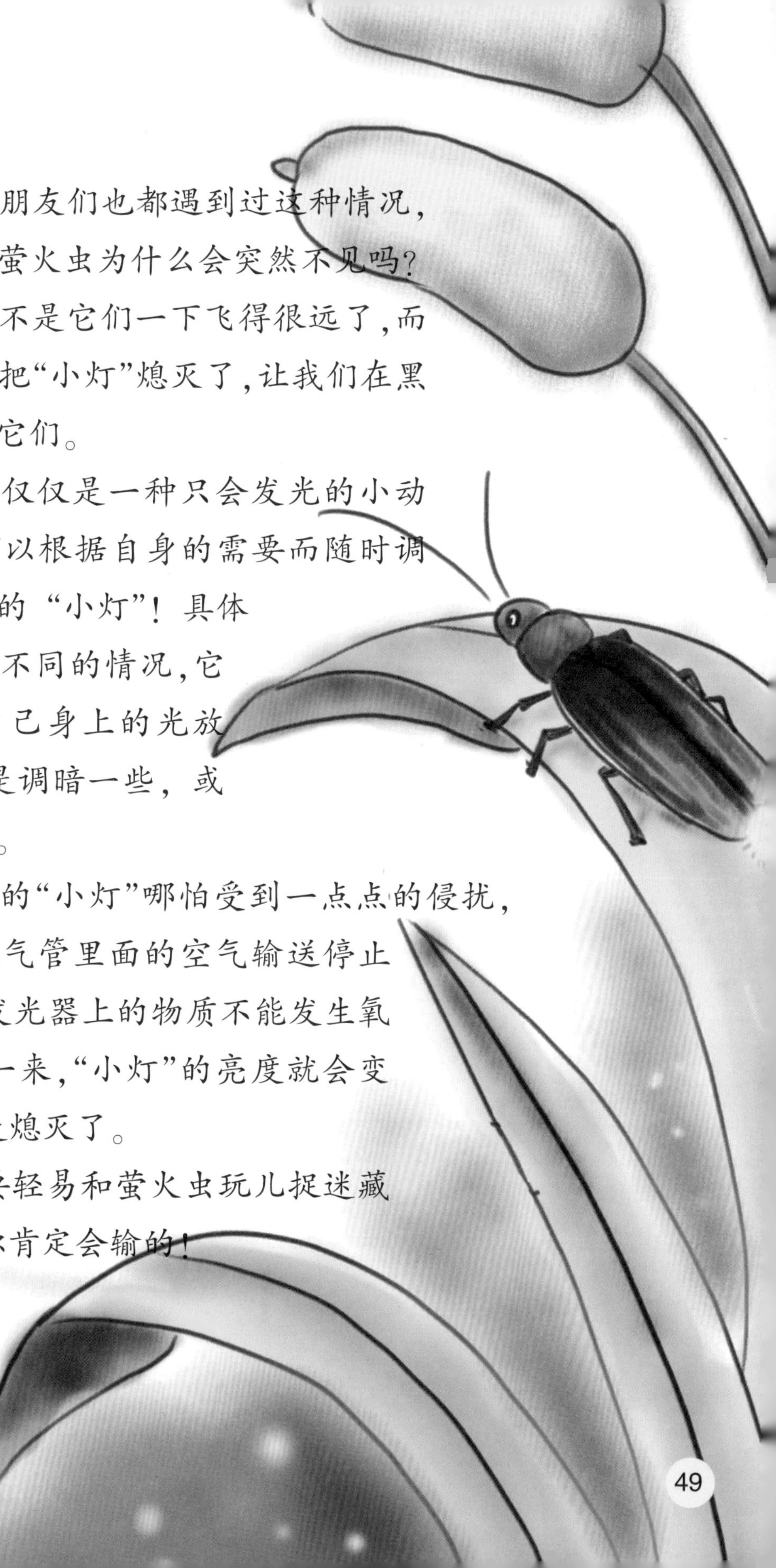

这盏美丽的“小灯”哪怕受到一点点的侵扰，萤火虫就会把气管里面的空气输送停止下来,从而使发光器上的物质不能发生氧化作用,这样一来,“小灯”的亮度就会变得很弱,甚至是熄灭了。

所以,不要轻易和萤火虫玩儿捉迷藏的游戏,否则你肯定会输的!

让我们再一起做个实验来进一步了解萤火虫吧。

首先，让我们准备一个用铁丝做成的笼子。接着，我们把几只雌性的萤火虫放进去。我手里有一把枪，当然这枪是专为做实验而设置的，听，“砰”的一下，手枪里发出剧烈的声音，震得我耳朵都疼了。

可是，笼子里的萤火虫居然一点反应都没有，它们的光还是一直亮着的。

既然它们不理我们的这一套，那就让我们换个方法来吓唬它们。看，现在我的手里有一根树枝，我要用这根树枝来触碰一下它们，噢，你们看，它们的灯并没有熄灭！

那让我们再来换一种方法，把冷水泼到它们的身上。你们看，这次终于有效了，有两只萤火虫把光亮熄灭了，但遗憾的是，它们熄灭还不到两秒钟又亮了起来，这些小家伙，这么大的刺激居然对它们都不怎么起作用！

看来，只能采取更激烈一些的方法了。来，拿来我的大烟斗，让我们往笼子里吹进烟去。

你们看，这次它们光亮停止的时间很长，有几只竟然还把光亮熄灭掉了，终于奏效了！不过，很快，浓烟散去之后，它们的那些小灯又像原来那么明亮了。

经过反复观察和多次实验，现在我们已经能够肯定萤火虫确实是能够随意自行调节它所发出的光亮的。不过，对于雌性的萤火虫来说，它在一定的环境下，又会失去这种随意调节光亮的能力。现在，让我们接着来做个实验吧。

让我们从萤火虫发光的外皮上割下一片皮来，然后把它放到一个透明的玻璃瓶里。你们看，它的这块皮依然能够发出光来，虽然并没有长在萤火虫身上时那么明亮。

这就说明，这块皮本身就是一种能发光的物质，瓶子里有足够的空气和它相混，所以，脱离了萤火虫，它依然是能够发光的。

现在,再让我们把它放到水里面试一下,你们看,不出我所料,它依然能够发光,因为水里面也是有空气的。那么有的小朋友又要问了,要把它放到没有空气的水中,它还会不会发光呢?让我们再来试一下。

现在,我们就把它放到不含空气的水里。要想水里面不含空气,最简单的方法就是把水煮沸。那我们就把它放到已经煮沸过的水里面吧。快看,由于没有了空气,这块皮所发出的光渐渐地熄灭了。

做了这么多的实验,现在,我们已经能够完全肯定萤火虫所发出的光是氧化作用的结果了。

关于萤火虫发光的知识我们已经知道很多了，但还有一个重要的问题我们没有说到,小朋友们,你们想想还有什么重要的问题呢?

对了，真聪明，我们还没有说萤火虫发光是为了什么呢。萤火虫发光可不是为了让我们人类欣赏或者是自我欣赏,而是有着其他的目的。

最重要的原因,就是为了吸引异性的注意,从而发出求偶的信号。

一般是雄萤一边在空中飞舞，一边发光吸引雌萤的注意，耐心地等待雌萤的一次强光回应。当雄萤发现雌萤的强光回应后，就会马上飞到雌萤的身边，并发出荧光试着争取雌萤的青睐。

但同时如果有几只雄萤一起来到了一只雌萤身边呢，那么这时就要发光来比一比看谁比较受雌萤的喜爱了。通常是哪只雄萤发出的光大，便能追求到这只雌萤了。

当然，萤火虫的发光还有一些其他的原因，比如说用来沟通、警示等。当然一些科学家还说它们的光具有照明、展示和调节族群等功能，但是这也仅仅是他们的猜测而已，并没有得到什么有力的证明。

但是，你们知道吗？这种美丽的景象在萤火虫的一生中维持得非常短暂。萤火虫的一生看似很漫长，大概有一年的时间，可是它们要经历卵、幼虫、蛹、成虫四个阶段。

其中卵期大概一个月，幼虫期最长，要占九至十个月，蛹期平均有十五天左右，而最美好的成虫阶段，却非常短暂，平均只有五天到两周的时间。

就是在这短暂的几天里，它们还肩负着一生中最重要的使命，那就是交尾，然后传宗接代。在完成交尾后的一两天内，雄萤就会因为力气耗竭而死去，而雌萤也会在产完卵后离开这个世界。

雌萤在产卵时心思是异常缜密的，为了能够有效保存后代，它会拖着沉重的身躯把卵分别产在几个隐蔽的地方。你们看，萤火虫这种为了后代而献身的精神是不是非常可贵呢？

一个月以后，它们的卵就会破壳而出，继续延续和兴旺着萤火虫家族。就像它们那带给人明亮和希望的灯一样，萤火虫的世世代代也会充满希望地延续下去，生生不息！

凶狠的祈祷者

——螳螂

昆虫小档案

中文名：螳螂

英文名：mantis

科属分类：昆虫纲，有翅亚纲，螳螂科

籍贯：除极地外，广布世界各地，热带和亚热带种类尤为丰富。

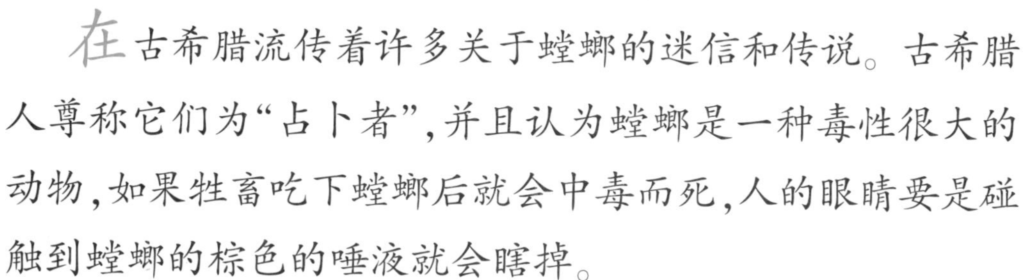

在古希腊流传着许多关于螳螂的迷信和传说。古希腊人尊称它们为“占卜者”，并且认为螳螂是一种毒性很大的动物，如果牲畜吃下螳螂后就会中毒而死，人的眼睛要是碰触到螳螂的棕色的唾液就会瞎掉。

古希腊人的这种说法虽然很夸张，但是却再清楚不过地表达了一种意思：螳螂是一种可怕的小动物。

六亲不认的捕猎者

蝗螂又被称为“祈祷虫”，这是为什么呢？其实这个名称是根据螳螂捕猎时的姿态而起的。它们在等待猎物时，总是静静地伸直前半身，庄严地抬起头，虔诚地举起两个前足收拢在胸前，就好像是一位端庄文雅的修女在专心地祈祷，所以后来人们就称它为“祈祷虫”或是“祈祷的螳螂”了。

这会让人觉得螳螂是一个温柔乖顺、安静祥和的小动物。如果现在世界上要选一位美丽的和平大使，并且只要求外貌的话，我会毫不犹豫地推荐螳螂！

瞧，这只善于伪装的小动物给人们造成了怎样的假象啊！为了让小朋友们真正了解它，我现在要毫不留情地揭露它残忍的本性。

人们都被它那种貌似真诚的态度给骗过了。它那祷告的玉臂，其实是一把极具杀伤力的利刃！

只要有可以作为食物的昆虫从它的旁边经过，这位圣洁的“修女”就会立刻原形毕露，变成狰狞而凶狠的巫婆。它毫不客气地用它的武器捕杀猎物，那饿虎扑食的样子是如此凶猛，那妖魔化的手段是如此残忍，并且，这个恶魔还专拣鲜活的小生灵吃。

小朋友们，你们看，在它温柔的面纱下，隐藏着多么吓人的杀气啊！有时候我在想，假如螳螂有足够大的力气，再加上它食肉的本性、强大凶狠的武器，那么它们一定会变成穷凶极恶的吸血鬼，继而称霸于整个田野。

螳螂的大腿就像是一个扁平的纺锤。并且，在它的大腿内侧长有两排非常尖锐的像锯齿一样的东西。

每排锯齿有十二个，长短交错排列，在这两排尖利的锯齿后面，还长着三个大齿。总之，螳螂的大腿简直就是一把有两排平行锯齿的锯子。在这两排锯齿之间还有一道缝隙。当螳螂想要把腿折叠起来的时候，就可以把两条小腿折叠地放在这两排锯齿的中间。

你们瞧，螳螂还是很会为自己设计的，因为这样的构造就不至于伤到自己了，能让自己安全放心地休息。

螳螂的小腿和大腿的连接处非常灵活，也是一把有两排锯齿的锯子，锯齿要比长在大腿上的稍微小一些，但是要多很多，所以显得很密集。

小腿锯齿的末端还长有一个坚硬、锐利的弯钩。这个弯钩异常锋利，和质地最好的钢针简直不相上下。

此外，钩子下面还有一道细槽，槽上长着两把刀片，就好像是那种修剪花枝用的弯曲状的剪刀一样。

就是这些坚硬的小弯钩，让我有着刻骨铭心的伤痛的记忆。每次一想到它们，我就会有一种难受甚至是恐惧的感觉。

不知有多少次，我在野外捕捉它们的时候，不但白费力气，反而还遭到了这个小家伙狠狠的还击。

手终于被解放出来后，上面会鲜明地刻上螳螂的“丰功伟绩”——一道道壮烈的鲜红的印记，就像是被玫瑰花的刺划过一样。

说到这里，我突然想到，螳螂和玫瑰花还是有很大的共同点的呢。小朋友们想，它们的外表都是那么美丽，惹人爱怜，可是透过这迷人的外表，却都有着毒蝎一样的心肠。

　　螳螂的身上有很多厉害的武器，在它遭遇危险的时候,会有很多方法来进行自我防卫和猛烈进攻。

鉴于螳螂的杀伤力是如此之大，要想活捉住它，还真是一件非常麻烦的事呢。这个小东西不知道要比人类小多少倍，可对人类却有如此大的震慑力。

平时休息的时候，这个凶猛的杀手会把它的武器折叠起来，并优美地举在胸前，看上去，就像是一位温和的修女。甚至，你会觉得，这是一只非常热爱和平的小动物。

这时小朋友们就要小心了，千万不要被它的具有迷惑性的外表蒙骗。它身上的那些武器只是暂时隐蔽起来了，一旦有猎物经过，它那副祈祷和平的模样便一下子被抛到九霄云外了。

这个道貌岸然的家伙,会立刻张开它那可怕的武器,接着把最末端的弯钩向猎物抛去,轻易地钩住猎物后,就把猎物拽到它的两排锯齿之间了。

这时,螳螂把一对大钳子紧紧地合拢上,俘虏在里面便丝毫不能动弹了。

真是一个厉害而可怕的杀人机器啊,无论是蝗虫、蚱蜢还是一些更为强壮的昆虫,一旦不幸被它那四排强有力的锯齿抓住,任凭再怎么挣扎、扭动,都已无济于事,只能任其宰割。

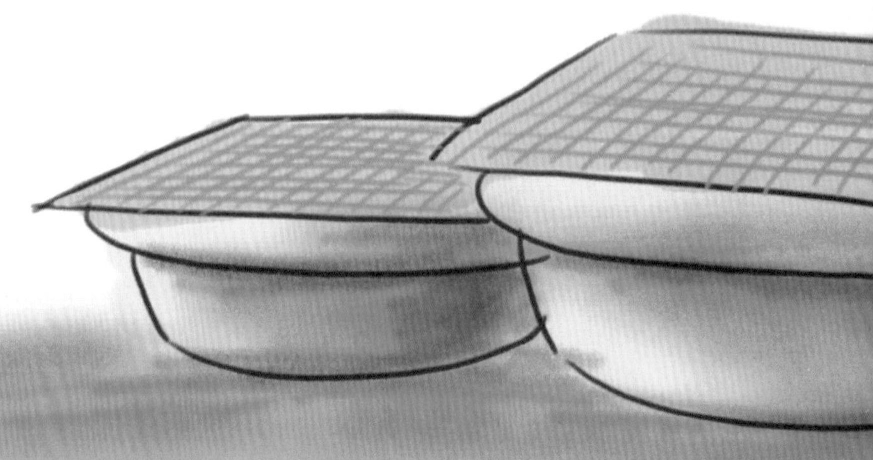

假如你想要在野外去观察、研究螳螂的习性，几乎是不可能的，所以，我只好想办法把这些小家伙请到了我的实验室里。

我为我的“俘虏们”准备了十几个装满沙土的瓦盆，然后又为它们分别罩上了一个金属纱网罩。我丝毫不担心这些小家伙会在我的囚禁下出现什么抵触情绪。只要每天都有充足而鲜美的食物，它们才不会介意是不是被囚禁呢。

为了能使它们的身体更加强壮，了解这些家伙的力气到底能有多大，我除了喂它们吃一些活蹦乱跳的蝗虫或者是蚱蜢外，还经常提供给它们一些大个儿的蜘蛛。

有一只灰色的蝗虫，朝着那只美丽的貌似好欺负的螳螂跳了过去。这时，那只原本温顺的螳螂，脸上立刻显现出了极度愤怒的表情，那样子好像在说：“哼，你这个自不量力的家伙，居然敢惹我，真是自取灭亡啊！”

紧接着，它以迅雷不及掩耳之势摆出了一副骇人的架势，使得那只本来天不怕地不怕的蝗虫，此时此刻被吓得六神无主。

假使是一个缺乏经验的观察者，我敢说，他一定会被吓得不知所措，生怕有意外出现的。这种情景就好像是当我们在毫无防备的时候，从我们的身后突然冒出来一个凶恶丑陋的脑袋一样……小朋友们，你们看，这是不是真的很吓人呢？

螳螂把它的翅膀完全张开，并且高高竖起来，就好像是两片正乘风破浪、势不可当的扬帆，又像是雄鸡的鸡冠，威风凛凛！它的腹部末端卷曲起来，样子像极了一根弯曲着手柄的拐杖。

它的腹部先猛然提起，又突然放松，一切都是那么让人意想不到。同时，还不断地发出“扑……扑……”的喘气声。

螳螂高傲地用它的四条后腿支撑着身体，身体的前半部分几乎都直立起来了。原来折叠在胸前的前肢此时也已经全部张开，呈十字交叉的状态，好像是在向对手宣布已经为即将到来的战斗做好了准备。

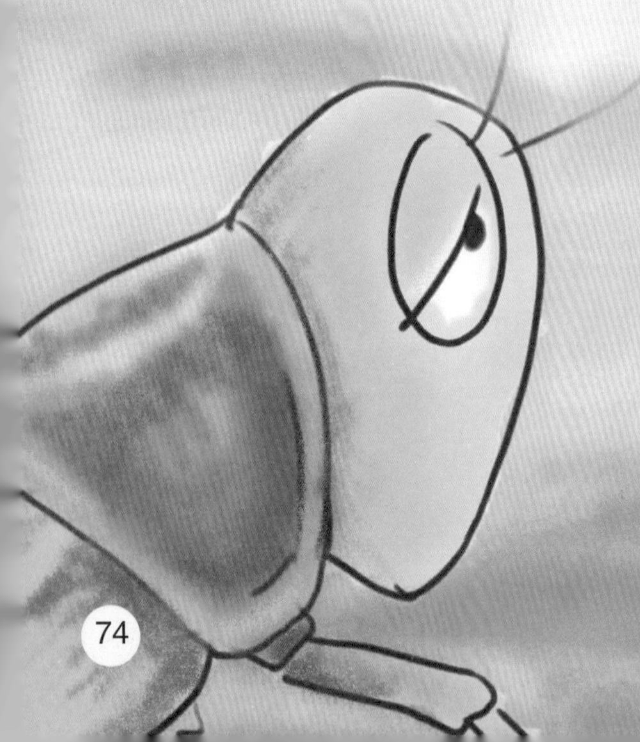

螳螂一动不动地保持着这种随时准备作战的姿势，眼睛死死地盯住即将成为它的美餐的蝗虫。那只蝗虫有任何轻微动静，螳螂那无比灵活的头都会随着蝗虫的移动而转动，始终紧而狠地盯着对方。

螳螂的这种紧紧盯人的战术就是要把更大的惊恐摄入到敌人的心灵深处，给对方造成更大的压力，起到“火上浇油”的效果。

聪明的螳螂希望在战斗还没开始之前，就让对方因为恐惧而导致心理防线崩溃，最后不战自败。如果敌人的锐气不被挫败，那么危险的可就是它了。

颇懂得运用心理战术的螳螂知道，此刻它最重要的不是像对待那些弱小的敌人那样，而是要虚张声势，努力壮自己威风，以让对方觉得自己要比它强大百倍，不战而降。

小朋友们，你们看，螳螂可以称得上是一位多么优秀的心理专家啊！

果然，螳螂的这个作战计划取得了非常理想的效果。那只一开始无所畏惧的小蝗虫果然中计了，它好像觉得自己的眼前出现了一个死神。

螳螂高举着弯钩，准备把对手撕成碎片。所以，蝗虫被凶神恶煞般的螳螂给吓呆了，根本意识不到自己原本也是很强大的，要是拼死一搏的话说不定还有胜算呢。

可怜的小家伙，它现在已经完全慌了神儿，不知所措地趴在原地，生怕弄出一点儿动静，惹怒眼前的死神，虽然这个死神直到现在也只是威慑它，而并没有真正给它颜色看。

为了蝗虫的懦弱,我都不禁要生气起来。即使真的是打不过螳螂，也完全有时间逃跑啊，怎么就完全抛到脑后了呢;再说,蝗虫有着粗壮的后腿,是名不虚传的跳跃健将啊,它现在可以多么轻而易举就跳到离螳螂的钩爪远一些的地方啊。但很可惜，这只是我的希望而已。

它哆哆嗦嗦地趴在那里，到了最害怕的时候，它甚至莫名其妙地向对手靠近，难道是想祈求死神放过它吗？不管怎么说，看来螳螂的心理战术是成功了。

据说，当小鸟看到蛇张开嘴巴时，就会被吓得不敢动弹。接着，就像是着了魔一样，会被蛇的眼神所迷惑，完全忘记赶紧飞走，于是只能乖乖地束手就擒了。

那只可怜的蝗虫就是那样一副模样。所以，后来就自然而然处在螳螂的魔爪所能控制的范围了。之后螳螂瞅准时机，把它的两个夺命弯钩猛烈地砸了下来，狠狠地抓住它，然后就把锯子紧紧地收拢了。

可怜的蝗虫不断地挣扎着，可现在的一切努力只能是徒劳了。就这样，螳螂结束了它的战斗，接下来，它就收起了它的战旗——翅膀，恢复到了原来的姿势，以胜利者的身份美美地享用战利品了。

螳虫那又小又尖的嘴巴在猎物的颈部一口一口轻轻地咬着，直到裂开了一个大口子，螳螂才随心所欲地选择自己想吃的部位。

第一口先咬猎物的颈部，这种捕猎方法在自然界中普遍地存在，看来这值得我花上一点儿时间来把其中的原因说清楚。

我观察过蟹蛛捕食蜜蜂的情景。当一只蜜蜂正沉浸在花蜜的香甜中时，一只蟹蛛猛然扑上去，用毒钩抓住它的翅尖，同时用长长的爪子将它勒紧。

蜜蜂当然不会就这样束手就擒，它用尽全力反抗着。弱小的蟹蛛很清楚，不能长时间和这个比它强大的对手僵持，否则蜜蜂不但有可能会逃脱，还有可能狠狠地给它来上一针。

所以，蟹蛛松开了蜜蜂的翅膀，然后迅速而准确地把它的毒钩刺入了蜜蜂的颈部。蜜蜂就好像是遭到雷击一样，刚才还在猛烈挣扎，可接下来却只微微抖动了几下，便一动也不动了。

之后，蟹蛛没有马上去咬猎物的躯体，而是依然咬着颈部。它慢慢地吮吸着猎物的鲜血，直到鲜血被完全吸干。于是它就开始随意咀嚼蜜蜂身体的各个部分了。

小朋友们，你们知道蟹蛛为什么如此在意小蜜蜂的颈部吗？

原来，蜜蜂的神经中枢就在它的颈部，而它的作用就相当于蜜蜂的生命之火，如果神经中枢遭到毒液的侵害而被破坏，那么这生命之火也就随之熄灭了。

因为战争拖得越久，那么对相对弱小的蟹蛛来说就越不利。蜜蜂有可怕的螫针，一旦被刺中一点，那痛苦可是蟹蛛难以忍受的。你们看，蟹蛛把速杀的技巧运用得那么恰到好处，看来，它也是一种熟知兵法的小动物啊。

说了这么多关于蟹蛛的捕食了，还是让我们把话题转回到螳螂捕食蝗虫上。

蝗虫最主要的反抗工具就是它们的后腿，这些后腿强壮有力，其打击的力度甚至比棍棒还要大，何况上面还长着尖锐的锯齿，一旦螳螂那大腹便便的肚子被这些锯齿划到，那么螳螂马上就要被开膛破肚了。

为了防止在吃的过程中，猎物突然又惊跳起来，螳螂一定会采取某种措施让蝗虫永远不会再动弹。那么它要怎么做呢？

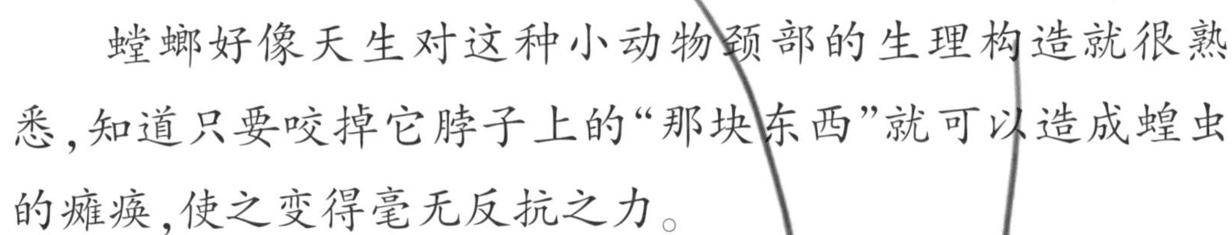

螳螂好像天生对这种小动物颈部的生理构造就很熟悉，知道只要咬掉它脖子上的“那块东西”就可以造成蝗虫的瘫痪，使之变得毫无反抗之力。

当然，这些小家伙并不知道它们所咬掉的“那块东西”，就是现在我们所说的淋巴结。

别看螳螂的个子很小，但是这小家伙可能吃了，没多久就把这只肥大的蝗虫吃得干干净净的了。

但是在那么多可作为螳螂食物的昆虫中，螳螂最爱吃的美餐是什么呢？原来是那些爱掘地的黄蜂。

所以，我们经常会看到螳螂殷勤地出没于黄蜂的地穴附近，不厌其烦地埋伏在蜂巢的周围，等待那种能获得双重酬劳的好机会。怎么会有双重酬劳呢？

原来，有的时候，黄蜂不但自己“主动”前来报道，还会把自己辛苦捕捉到的猎物一块儿呈给螳螂。这样的结果对于螳螂来说，不就是同时收获了两份大餐吗？

不过，当然了，黄蜂是不可能自己送上门来的，它也会提防着敌人，所以螳螂往往在等候了很长时间后无功而返。

但是，也有一些掉以轻心的黄蜂，被螳螂抓住了时机，一举将其擒获。有一些刚从外面回来的黄蜂会被突然冒出来的螳螂吓一大跳。当心里都是恐惧的时候，就无心再振翅高飞了。

这时螳螂会飞快地向黄蜂扑去，那速度简直可以和闪电相媲美。只是一眨眼的工夫，黄蜂便被螳螂的前肢给亲密地“拥”住了。一场战争又干脆利落地结束了，不幸的牺牲者最终成为胜利者的果实。

关于螳螂的捕食，我还看到过这样有趣的一幕。我看到一只黄蜂，正在尽情地享用自己捕获的一只小蜜蜂，突然，一只凶猛的螳螂跃到了它的身旁。毫无戒备的黄蜂无力反抗，便只能乖乖就范。

而螳螂的两排锯齿，早已把黄蜂的身体紧紧地夹住，可是我看到那只黄蜂居然还在贪婪地吮吸着蜜蜂身上的蜜。它这种藐视螳螂存在的态度大大地激怒了螳螂，所以螳螂对它百般恐吓，又用力把锯齿夹紧，可这竟然丝毫起不到一点作用！

在这被俘虏的关键时刻，贪吃的黄蜂依然在尽力地吸食着那芬芳四溢、滋味儿甜美的蜜汁。这真的是太让人不可思议了。

通过对螳螂习性的一些了解，我们可以看出它是怎样一种凶狠恶毒的食肉生灵。但是还有更令人不寒而栗的。

因为它的食物范围不仅包括其他种类的昆虫，它们居然还有着自食同类的癖好，也就是说，螳螂之间会互相残杀，在明明不缺乏食物的情况下，它们会经常毫不客气地吃掉自己的兄弟姐妹。

有一段时间，我同时把几只雌螳螂放到了同一个罩子下。一开始，每只螳螂都有一片属于自己的势力范围，互不影响。这虽然谈不上什么友好，但也能维持基本的和平。

但好景不长，随着雌螳螂的肚子一天天地隆起，它们的脾气越来越大，于是罩子里面经常会出现它们之间相互挑衅、威胁、肉搏，甚至是相食的情景。

而且，在它津津有味吃着同伴的时候，是那么平静，那泰然自若的样子，好像是吃一只蝈蝈儿，或是一只蝗虫那般天经地义。

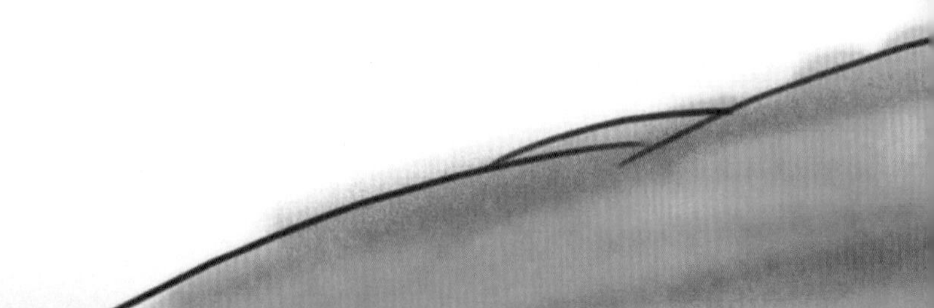

在这个如此冷漠，连一点骨肉之情都不讲的凶手旁边围观的那些螳螂，会有什么样的反应呢？很让人失望，它们同样是一群没有心肝的家伙。

面对如此残忍的恶劣行径，它们竟然没有一只肯站出来谴责那个凶手，更没有表现出任何反抗的意思，明显可以看出，它们认为这是理所当然的。不但如此，这些家伙还纷纷跃跃欲试，时刻准备着，一旦有做同样的事情的机会，它们也是不会错过的。

螳螂的恶劣行径已经是如此之多了，可是，最让人愤慨的是，雌螳螂还有食用它丈夫的习性！在两夫妻交配完以后，雌螳螂会在短时间内将已经筋疲力尽的雄螳螂当作美食。

它们依然是像对待别的昆虫那样，先咬住它丈夫的脖子，然后再慢慢地享受它身体的每一个部分。

真的是比狼还要凶狠十倍的动物啊！即使是狼，也不会残杀自己的同胞手足和爱人啊！螳螂真的是太可怕了，透过它们那娇小可爱、宁静安详的外表，我似乎看到了它们内心的狰狞与丑陋。

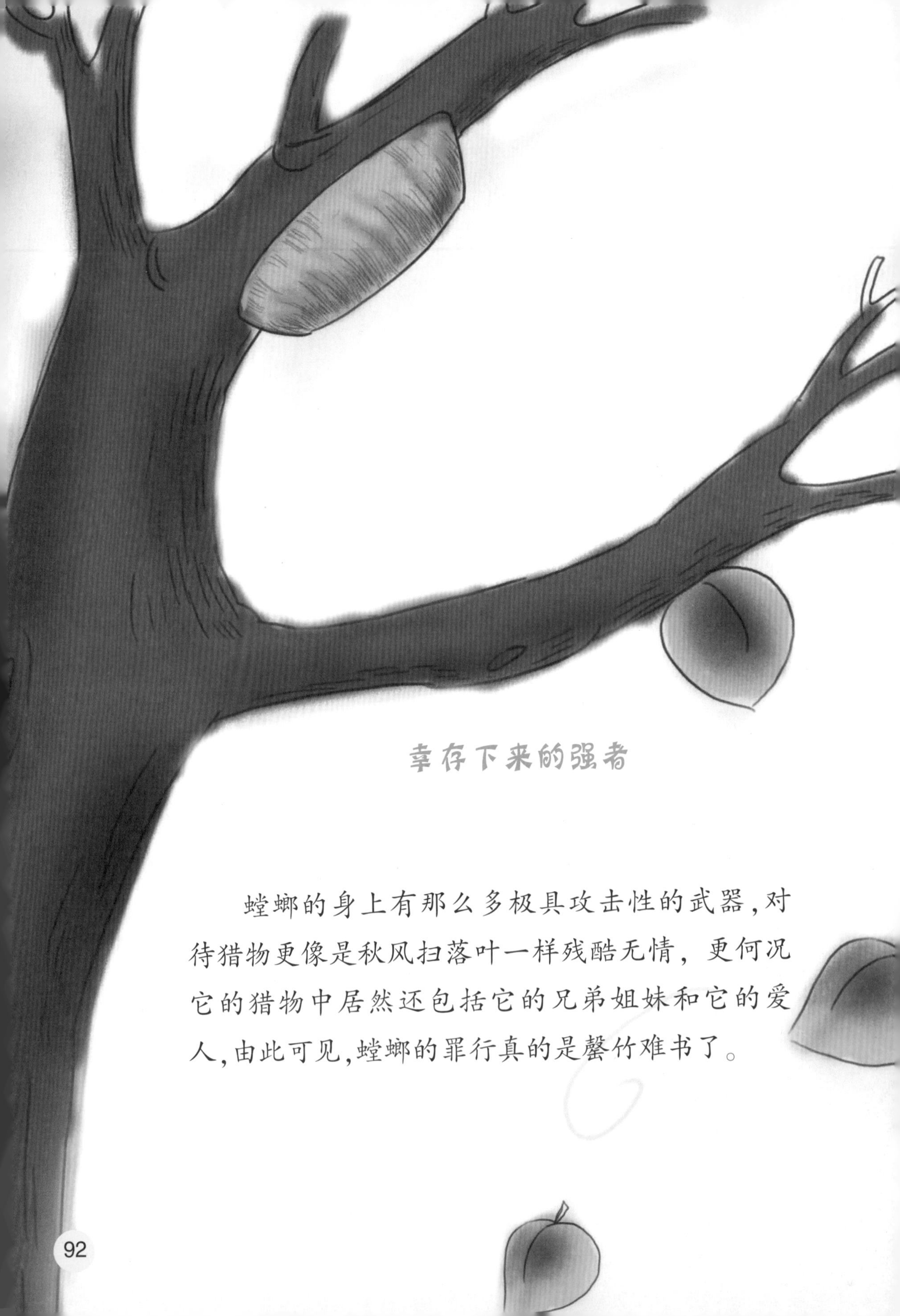

幸存下来的强者

螳螂的身上有那么多极具攻击性的武器，对待猎物更像是秋风扫落叶一样残酷无情，更何况它的猎物中居然还包括它的兄弟姐妹和它的爱人，由此可见，螳螂的罪行真的是罄竹难书了。

但是我始终相信，即使是再坏的人，它的身上也是有闪光点的，小朋友们，你们说对吗？

比如说，螳螂把自己的巢穴建造得十分精致美观，这就是它众多优点之中的一个了。

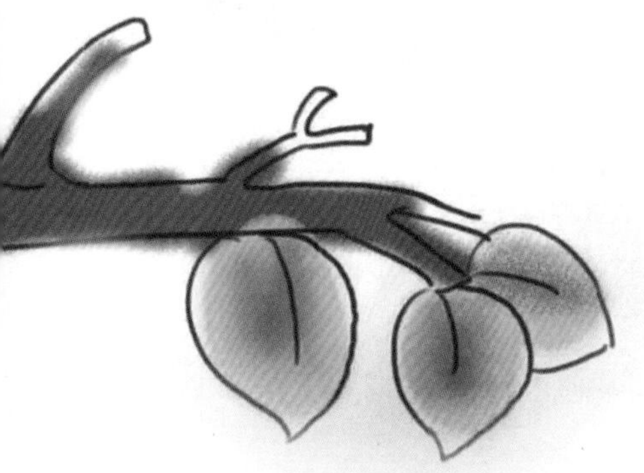

螳螂对于建巢的地点并不苛求，只要是在有阳光的地方，那个地方的表面凹凸不平，可以作为十分牢固的地基，那么它就会毫不犹豫地把它作为自己的住宅地点。

螳螂的巢一般长四厘米，宽两厘米。颜色是金黄色的，就像是成熟的麦粒一样。它的巢主要是由一种泡沫状的物质做成的。但是，过不了一会儿，这些泡沫就逐渐变成固体了，并渐渐硬了起来。

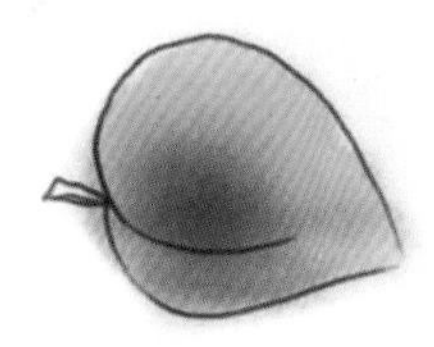

螳螂的巢形状各不相同，总是随着支撑物形状的变化而改变。比如它的巢是筑在树枝上，那么为了求得稳固，它的底部就会紧紧地裹住一旁的小枝；如果巢建在平面上，那么巢的底部也将是平平的，整个巢就会呈半椭圆形，一头圆钝、一头尖细。

有的时候，尖细的那一头甚至还常常会冒出短短的小刺来。不管巢的形状怎么富于变化，有一点是一成不变的，那就是它的表面总是凸起的。

螳螂的巢就像一个大摇篮，表面的鳞片前后相互重叠覆盖着，就像是屋顶上的瓦片。小鳞片的边缘部分是悬空的，留有两条微微张开的平行缝隙，在小螳螂孵化的时候，就是从这两个作为门路的缝隙中跑出来的。

至于这个大摇篮的其他部位，则都很坚固，是不可逾越的壁垒。螳螂的卵在巢里面堆积成了好几层。为了方便它们以后爬出巢穴，这些卵的头都是朝着门口的。

刚才我已经提到了，等它们孵化成幼虫以后，就会从那两个缝隙中爬出来。它们一半从左边的缝隙中出来，其余的则从右边的缝隙中出来。

我刚才还提到了螳螂的巢是由一种泡沫状的物质做成的，但这具体的情况是怎么样的呢？

如果你们看到一只雌螳螂在建造巢穴的话，那就说明它将要产卵了。构成它的巢的泡沫材料主要是由包含气体的小泡组成的。这些气体使螳螂造出的巢要比它自己的肚子大很多。

虽然小泡是从螳螂的生殖器官口排出的，但是小泡中的气体可不是来自于螳螂本身,而是从空气中吸收而来的。

这时,螳螂的腹部末端就会张开一道长长的口子,从侧面看,就像是两个宽大的勺子。螳螂麻利地将勺子不断地张开、合拢,使劲搅拌着排出的黏液,使它一排出体外就形成泡沫。

这种动作，应该怎么形容呢？对了，就像是我们用叉子不停地搅拌鸡蛋蛋白一样。

最后形成的泡沫是灰白色的，与肥皂沫有几分相像。泡沫刚形成的时候，还是黏黏的，但过不了几分钟，它的黏性就消失了，状态也由泡沫变为固体。

雌螳螂就是在这样的泡沫中产卵的。每当它产下一层卵以后，它就会往卵上再覆盖上一层这样的泡沫。整个产卵过程大概要持续两个多小时。过程虽然辛苦，但是收获还是颇丰的，一只大腹便便的雌螳螂可以产下几千只卵宝宝，这将是一个多么兴旺的家族啊！

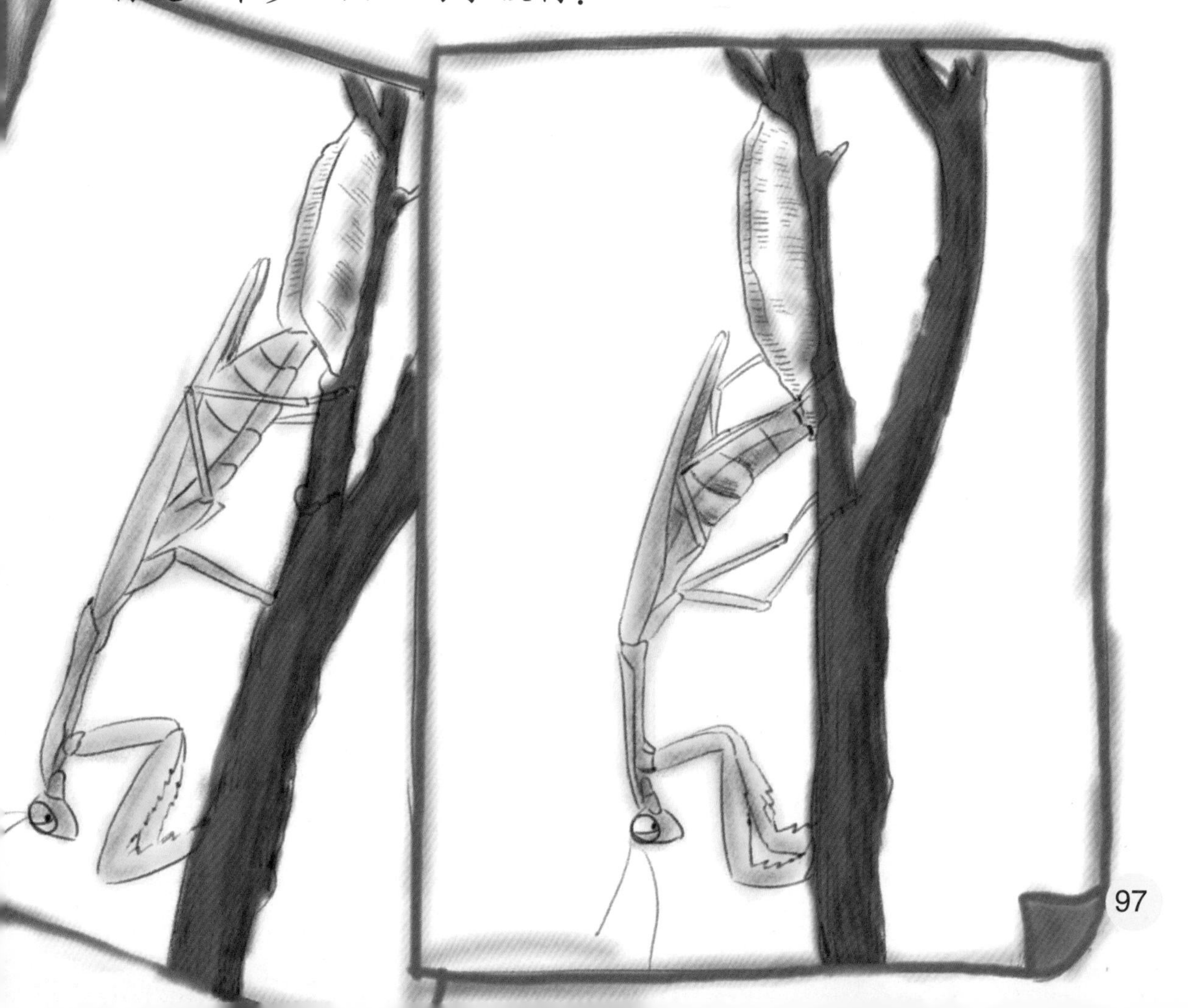

在观察螳螂巢穴的过程中，我注意到一种现象。在一个新建的巢穴的门外面，总是涂有一层纯白色的材料，这与巢穴内部的灰白色材料形成了鲜明的对比。

与里面的材料相比，这层材料细密多孔，很容易破碎、脱落。一旦这层外壳脱落，螳螂幼虫的出口区域，就会全部暴露在外面，露出门的中间部分那两排边缘悬空的小薄片。

不久之后，在风霜雪雨的侵蚀下，这层材料就会一层层、一片片地脱落下来，所以，在旧巢上，是看不到这层材料的痕迹的。

虽然这两种材料,从外表上看来是不一样的,但是实际上，它们的质地是完全相同的，只不过是表现形式不同罢了。

螳螂用它尾部的末端打扫着泡沫团的表面，把上面的浮皮扫掉,然后,使它形成一条带子,就像是糖厂里的糖带一样,最后把它覆盖在巢穴的背面。

那么它为什么看起来是雪白的呢？我想主要是因为它的泡沫比较精细，还有就是光的强烈的反射作用造成的结果吧。

这小小的螳螂可真是一位能干的建筑师啊!

产卵时,它排泄出为小宝宝们建巢用的泡沫,为它们制造出像棉花糖一样软软的包被物。与此同时,还能造出重叠的薄片,设计好小宝宝们用于出行的通道。

这么多事情,我们人类在做的时候,一定会焦头烂额,可是螳螂在同时做这些事的时候,竟然可以如此有条不紊、挥洒自如。并且,它对身后正在建设中的建筑物始终都不看一眼，只是在巢的根脚处一动不动地站立着，也不用它的健壮的大腿去帮忙。

它的工作还真的带有很大的自动性质呢，不需要技巧,而是完全靠无意识的机械动作来完成。

所以它只把需要的工具和器官协调好就能建成一个结构复杂且精致美观的巢来了。就像是对于某些东西，人类用机械制造出来的效果会比手工制作得更加精良、完美。

产完卵以后，刚刚荣升为母亲的螳螂好像丝毫没有做母亲的喜悦，对它的小宝贝儿们完全是漠不关心的态度,没有温情地瞥过它们一眼,就狠心地离去了。

但是我不相信，世界上竟然会有那么无情的母亲,所以我对它始终抱着一丝希望,盼望着它有一天能够回来看一下，表示一下作为母亲对孩子应有的关切。

但是，这个冷酷的家伙叫我失望极了，它真的是一去不回头了。它那铁石心肠、无动于衷的样子分明是在说：这个巢对于我来说已经不再重要了，我才不认识它了呢！

螳螂这个坏家伙，除了经常干一些凶恶至极的事情，还要以自己的丈夫为美餐，而且，还居然会抛弃自己的子女。这个没有心肝的家伙，我都不知道还有什么词语能形容它了。

螳螂的卵一般在六月中旬上午十点钟有温暖阳光照射的时候孵化。在窠巢中间那一片带状的区域，也就是小螳螂将要跑出的地方，你会看到在每一片鳞片下，都有一个半透明的小块儿缓慢地钻出，之后是两个很大的黑点，那就是小螳螂的眼睛了。

新生儿缓缓地在鳞片下滑动，将近有一半的身体都露出来的时候，你就可以看到这个小家伙的全身还包裹着一层薄膜，但是不难看出它的身体是黄里透红的，脑袋肥肥大大，呈乳色。还可以辨认出它那贴在胸前的幼小的嘴巴和紧贴在腹部的腿。

小螳螂刚从卵里出来的时候，遇到了和蝉一样的困难。它如果想要到达外界，就必须先要通过巢穴中那条既弯曲又狭窄的小道。而这时，它如果想完全地把自己的小腿儿舒展开来，是一件不可能的事。

因为，过道是如此狭窄，根本不可能容纳下它那高高翘起的用来捕杀猎物的前肢和那同样直立的触须。否则，过道就会被自己死死地堵住，而导致寸步难行了。

所以，在小螳螂出来以前，它会为自己裹上一层结实的“襁褓”。

当小螳螂出现在出口区域的薄片下不久，它的头会越变越大，直到膨胀到形状像一粒水泡那样。

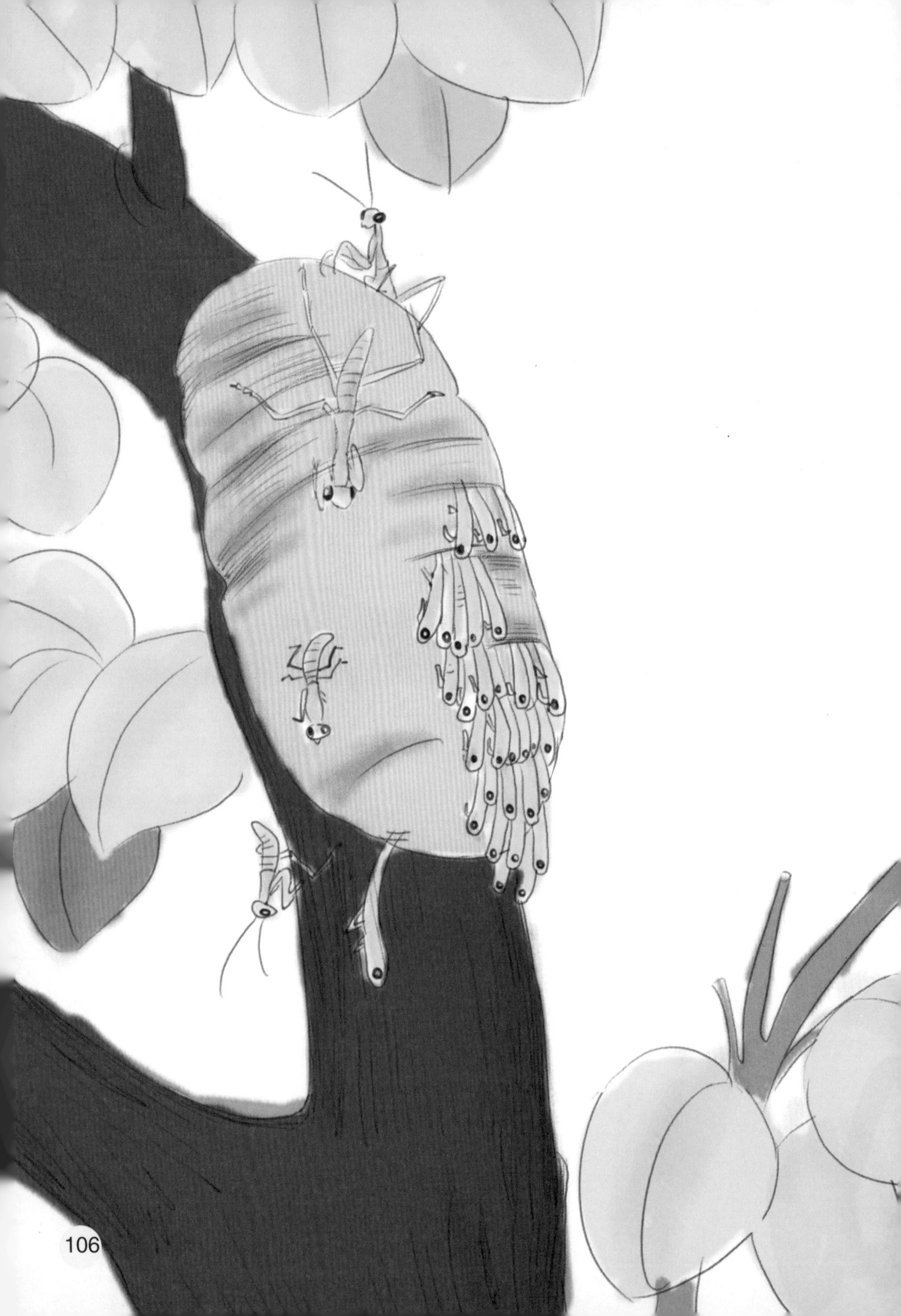

这个小家伙很顽强，也很有力气，它为了早日摆脱“襁褓”的束缚，每天一刻也不停地做一推一缩的动作，以解放自己的身体。就这样，每多做一次推缩的动作，它的头就会稍稍地变大一些。

付出总会有回报的，它的胸部的外皮终于首先开裂了。看到了成功的希望，它就更加努力地摆动了。

渐渐地，它的腿和触须也得到解放了。它乘胜追击，又经过几次剧烈的挣扎以后，它终于完全摆脱“襁褓”的束缚了。

别看这些家伙在长大以后六亲不认，但是它们在小的时候还是很有集体意识的呢。

不久以后，这些小螳螂仿佛是又收到了统一的信号，它们几乎是在同时急切地打破了它们的外衣，兴奋地共同拥抱这个新奇的世界。

就这样，这几百只小螳螂几乎同时从“襁褓”里挣脱出来了，霎时间，本就不太宽敞的巢穴一下变得拥挤不堪，闹哄哄的就像是开大会一样。这场面可真是壮观！

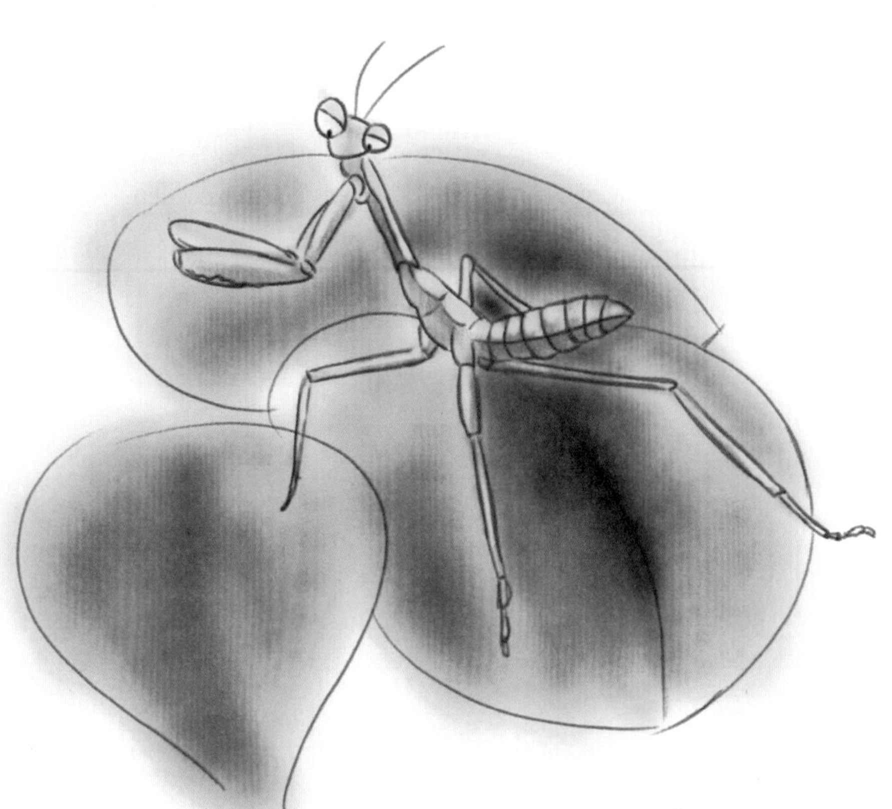

这些对未来的生活充满好奇的小虫子，只在巢上待了不到二十分钟的时间，就迫不及待地要集体出逃了。它们或是落到地上，或是爬到巢穴附近的绿色枝叶上边，去开始它们新的生活。

几天以后，巢穴里就又会爬出一群幼虫。这是因为一个巢里的卵并不是同时孵化的，而是按照螳螂巢穴的分层顺序，由上往下逐层孵化的。

总之，一批批的小幼虫都会按照前辈们的生活轨迹，从巢穴里面出来，去拥抱这个美丽的大千世界，去生活，去战斗，去繁衍它们的下一代。

小螳螂们以无比的热情来到了这个世界上，却没有想到，首先迎接它们的是充满危险与恐怖的杀戮。

曾经有很多次，当我看到幼小的螳螂手舞足蹈地破壳而出时，我是多么希望这些可爱的小家伙能够平平安安、快快乐乐地生活在这个世界上啊！

可是，这种美好的愿望总会落空。我已经不止十次，甚至是几十次看到我最担心的、惨不忍睹的现象发生了。

这些天真幼稚的小家伙,在它们还乳臭未干的时候,便惨遭杀害,这真是让人心痛啊!所以,螳螂产卵的数目虽然不少,但是真正能活下来的却很少。

对于螳螂幼虫来说，对它们危害性最大的敌人就要算是蚂蚁了。我几乎每天都能在螳螂的巢上看到一只只心怀不轨的蚂蚁。

蚂蚁虽然早早地就在螳螂巢穴的门外等着，并占据了有利的位置，但是，它们却不能把魔爪伸到巢穴的内部去。

因为,那个坚固的堡垒可不像小螳螂的肉那么好对付，蚂蚁往往对它无可奈何。不过没关系,小螳螂总会出巢的。只要它们一出现,它们就会面临着血淋淋的杀戮。

已在门外守候多时的蚂蚁看到小螳螂出现了，便立刻将它擒住，疯狂地撕咬小螳螂的肚子，很快，一只只小可怜虫就被咬成了碎片。

在这场惨烈的屠杀中，这些没有任何还击能力的小幼虫只能不停地乱踢乱蹬，但是，这种无谓的挣扎在这些凶猛、残忍的强盗面前显得是多么微不足道啊。不需一会儿时间，这场残忍、血腥的大屠杀就宣告结束了。

这时，为数众多的小螳螂中，只有寥寥几只幸运地从敌人的魔爪下逃脱出来。一个人丁兴旺的家族就这样在顷刻之间衰落了。

有时候，我觉得螳螂非常奇怪而有意思。你们想，前面我们已经讲过螳螂是种如何残暴、凶猛、无情的动物。然而，就是这样一个令很多昆虫闻风丧胆的冷酷杀手，有谁会想到，在它年幼的时候，会遭遇到如此浩劫并且毫无反抗之力，只能任人宰割呢？

小朋友们，你们说大自然的这种安排是不是很奇妙呢？

不过这样悲惨的状况并不会持续很长的时间。因为这次遭遇不幸的只是那些刚从卵中孵化出来的小幼虫而已。但是,假若它们侥幸逃离险境,用不了多长时间,它们就会变得非常强大。

这时,它们就变得不可一世起来。它把锋利的武器举在胸前,昂首阔步地从渺小的蚂蚁群中走过,那高傲、蔑视的神态令昔日大肆屠杀它们的蚂蚁望而生畏,纷纷躲避。

它现在不仅拥有了自卫的能力,而且还有主动出击的本领,它再也不是以前那任人宰割的可怜虫了!

当然,螳螂固然强大,但是毕竟也不是自然界的霸主。一物降一物,造物主在开始的时候,就已经给这些螳螂安排好了敌人。

那种爱吃嫩肉的、喜欢居住在朝阳的墙壁上的小小的灰色蜥蜴可不是那么容易被吓倒的。它丝毫不把螳螂那高高在上、藐视一切的态度放在眼里。

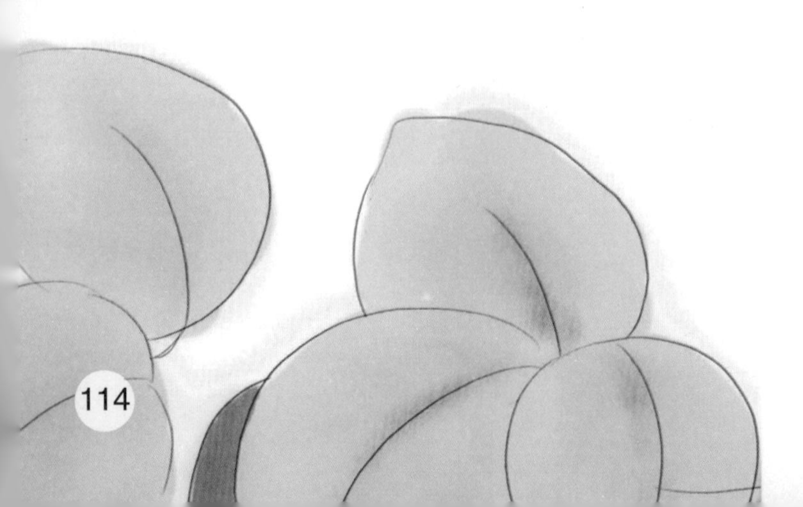

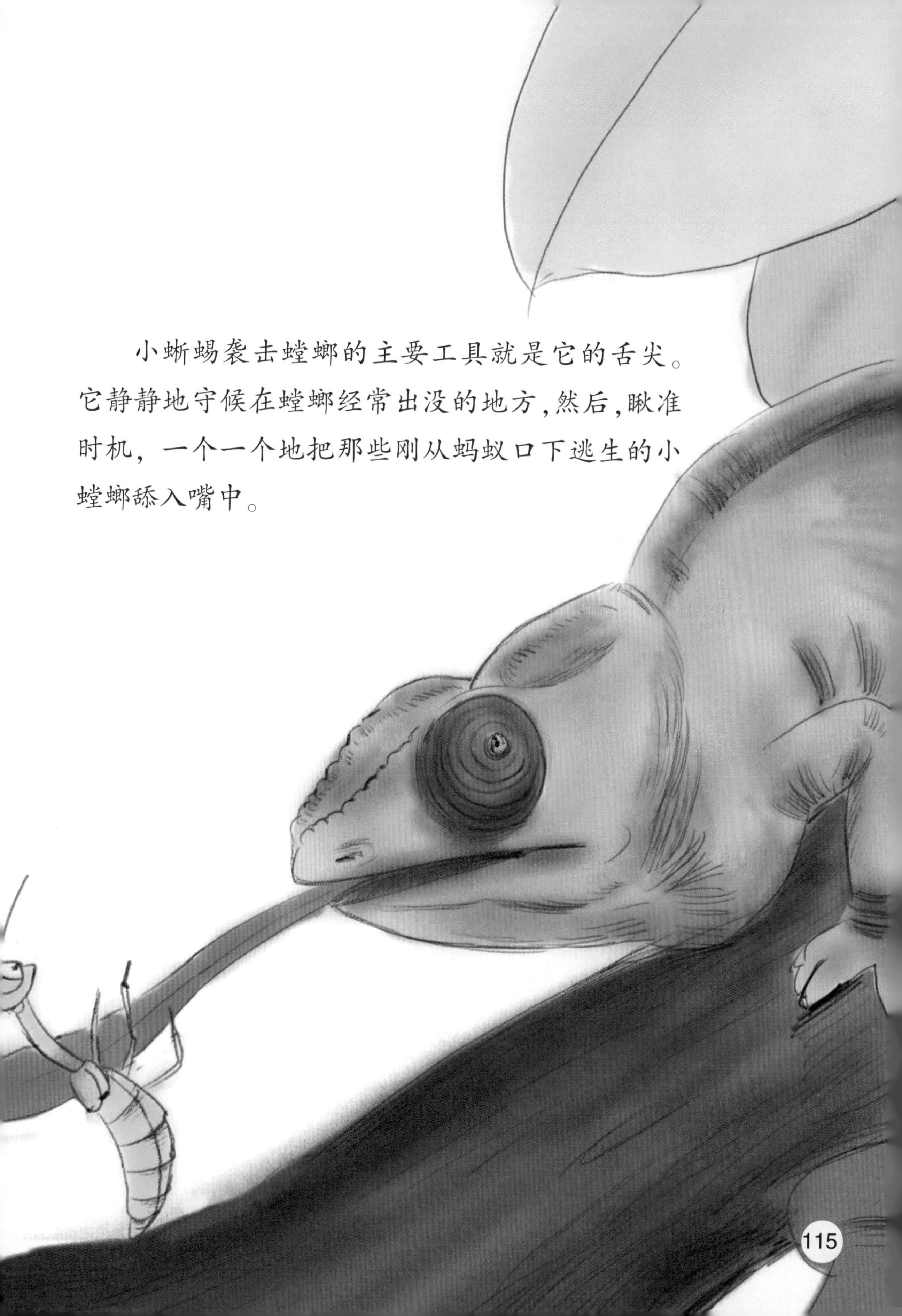

小蜥蜴袭击螳螂的主要工具就是它的舌尖。它静静地守候在螳螂经常出没的地方，然后，瞅准时机，一个一个地把那些刚从蚂蚁口下逃生的小螳螂舔入嘴中。

这些依然年少的螳螂可真是倒霉啊，有时候大自然的安排真让人觉得有些残酷。

那么，螳螂的天敌就只有蚂蚁和蜥蜴吗？当然不是，它的另一个天敌甚至比它们更加可怕。

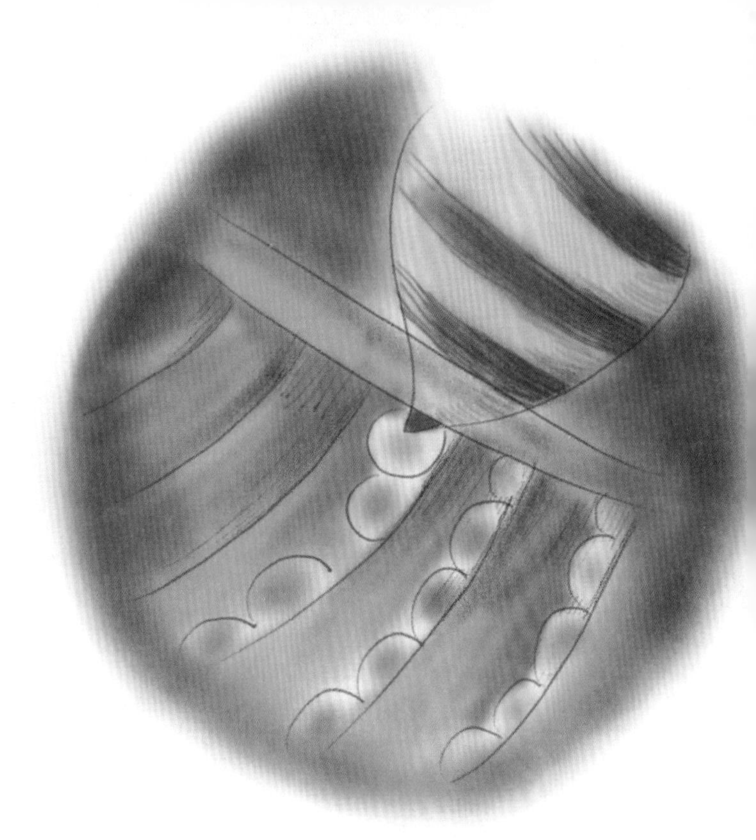

而且，它比蚂蚁和蜥蜴对螳螂下手的时间还要早，它使螳螂还在卵期的时候，就遭受到了巨大的生命威胁。它就是那毫不起眼的野蜂。野蜂的身上长着一根尖利的刺针，这根刺针足以穿透螳螂的由泡沫变成固体后建成的巢穴。

野蜂很不客气地就擅自把卵产在了螳螂的巢穴中。

由于野蜂的卵要比螳螂的卵早孵化出来，所以螳螂的后代就免不了要遭遇和蝉的子孙后代一样的厄运了：它们的卵会遭到寄生虫的侵袭并蛀空。

螳螂的家族几乎是遭到了灭顶之灾，螳螂的卵的存活率大概只有千分之二左右！这是一个多么让人触目惊心的比例啊！

已经讲了这么多了，不知道小朋友们发现了没有，一条食物链已经在无形中形成了。螳螂以蝗虫为食,同时也是蚂蚁的食物。而鸡又是吃蚂蚁的。等到鸡变得肥肥嫩嫩的时候，又变成人类口中的美味佳肴了，这样的食物链可真是有趣啊！

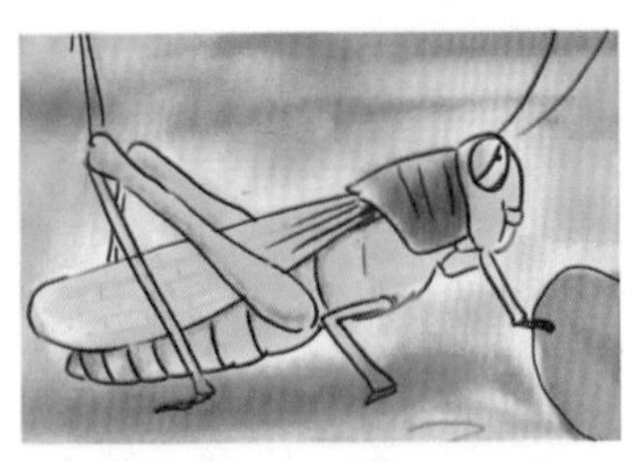

最后让我们来聊一聊关于螳螂巢的一些迷信和传说吧。

很多年以前，人们总认为螳螂的巢是一种很神奇的东西。在布罗温司这个地方，人们把螳螂的巢视为一种可以治疗冻疮的灵丹妙药。

使用的方法非常简单：把螳螂的巢一分为两半儿，加以挤压，用流出来的浆汁涂抹在冻疮的部位。

但是，它真的这么灵验吗？我看未必，因为我不止一次试过，可是从来没有发现它起到了什么特别的效果。

还有一些人盛传，螳螂巢是医治牙痛的神药。只要随身携带着螳螂巢，就再也不必担心会牙痛了。村子里面如果有谁牙痛，人们就会相互把螳螂的巢借来借去。

对于这些民间的偏方，小朋友们可不要嘲笑啊，许多堂而皇之被称作科学的东西也不见得很可信呢，甚至比这些偏方更加天真、可笑。

16世纪英国一个博物学家曾信誓旦旦地告诉我们：如果小朋友不幸在森林中迷了路，是没有必要恐慌和伤心的。因为，小朋友可以求助森林中那神奇的指路者——螳螂。此时，螳螂会热心地伸出他的爪子，为小朋友们指明方向，所指的方向往往十分准确。

这是多么荒唐和可笑啊！

与这样天真幼稚的“奇思妙想”相比，我倒宁愿相信民间流传的那些关于螳螂巢的神奇功效。